Q 科学クイズ サバイバル シリーズ

科学《かがく》クイズにちょうせん！

5分間《ふんかん》のサバイバル

1ねんせい

マンガ：韓賢東《ハンヒョンドン》／文《ぶん》：チーム・ガリレオ／監修《かんしゅう》：金子丈夫《かねこたけお》

登《とう》場《じょう》人《じん》物《ぶつ》紹《しょう》介《かい》

ピピ

ジオの　ともだち。
げん気《き》な　女《おんな》の子《こ》。

ジオ

どんな　ピンチでも
へっちゃらな　男《おとこ》の子《こ》。

ケイ

ノウはかせの　じょ手《しゅ》。
おどろくほどの
せいけつずき。

ノウ博士《はかせ》

いしゃであり、
はつめいかでも　ある。
いろいろな
はつめいひんを　つくる。

もくじ

人《ひと》の　からだの　サバイバル

生《い》きものの　サバイバル

しぜんの　サバイバル

みぢかな　かがくの　サバイバル

人《ひと》の　からだの
サバイバル

ジオは、ピピたちと　ノウはかせの　べっそうに、
あそびに　きたよ。

でも、べっそうに　はかせが　いない！
クイズを　ときながら、はかせを　さがそう。

第《だい》1話《わ》

そろそろ はかせを さがそう。
正《せい》ざして いたから……。
足《あし》が しびれた！

クイズ

正《せい》ざを すると どうして 足《あし》が しびれるの？

ア じっと して いると、虫《むし》に ささされるから。

イ じめんの でん気《き》が 足《あし》を つたって ながれるから。

ウ ちが うまく ながれなく なるから。

うう。足《あし》が　しびれて　立《た》てないよ。

ぴりぴりして、でん気《き》が　とおって　いる　みたい。

むりに　立《た》つと　あぶないよ。しびれが　なくなる　まで　まとう。

あれ？　ケイは　足《あし》が　しびれて　ないの？

ふふふ。しびれない　こつが　あるんだよ。

こうすると　しびれ　にくいよ。
せすじを　のばす。
おやゆびを　かさねて、ときどき　上《うえ》と　下《した》を　入《い》れかえる。
ひざの　うらに　すきまを　あける。
答《こた》えは次《つぎ》のページ！

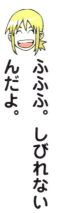

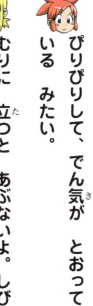

答《こた》え

ウ　ちが　うまく　ながれなく　なるから。

【解説《かいせつ》】

ちは　けっかんを　とおって、からだ中《じゅう》に　えいようを　はこんで　います。正《せい》ざを　して　いると、ひざの　うらを　とおる　けっかんが　おしつぶされて、ちが　うまく　ながれなく　なります。すると、足《あし》に　えいようが　いかなく　なり、じんじんと　いたく　なります。

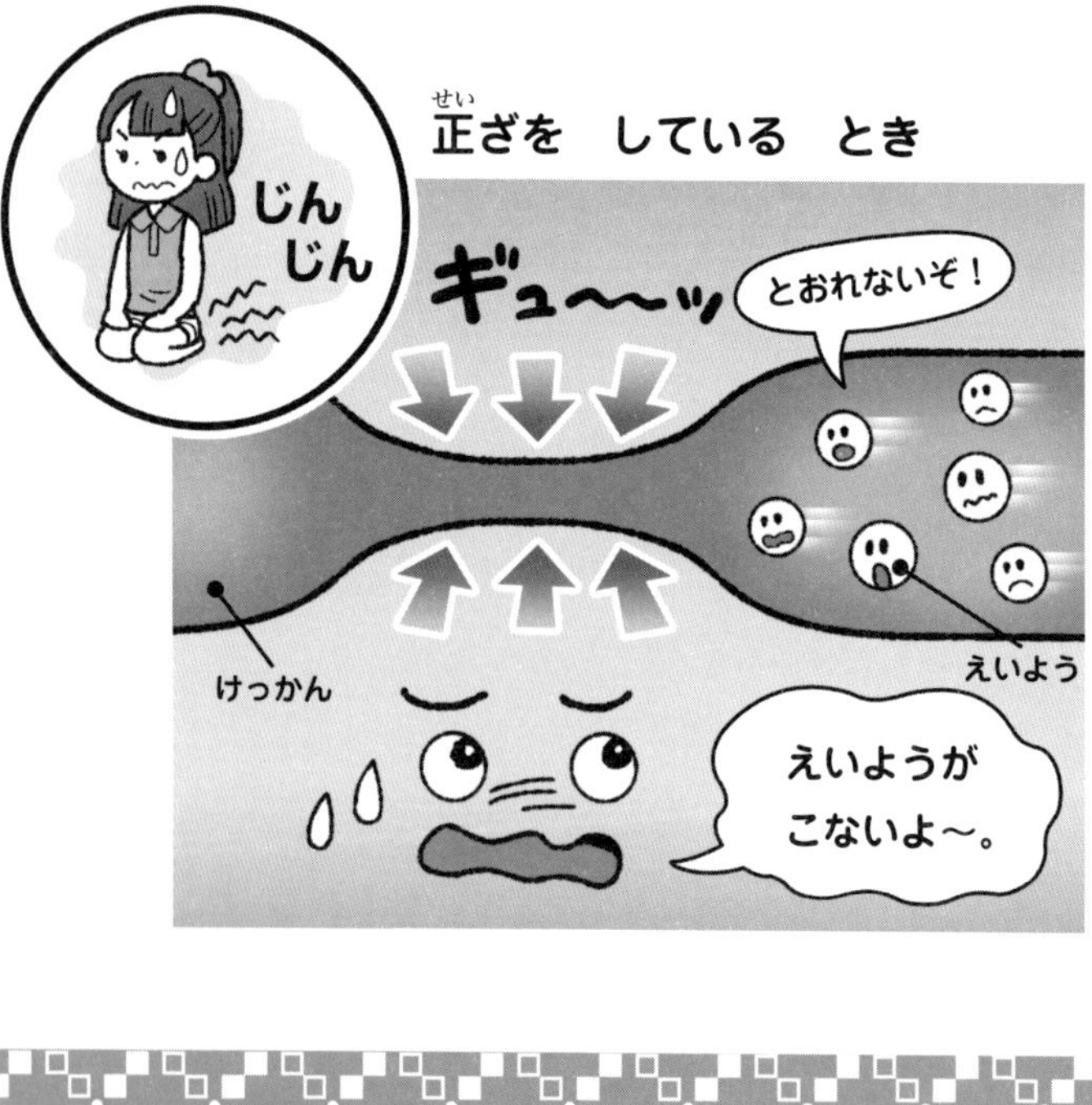
正《せい》ざを　している　とき
じん
じん
ギュ〜〜ッ
とおれないぞ！
けっかん
えいよう
えいようが
こないよ〜。

正《せい》ざを　やめると　おしつぶされていた　けっかんが　ひらき、ちが　一気《いっき》にながれ出《だ》します。このとき、からだは　足《た》りなくなっていた　えいようを　いそいでとりこもうと　します。

じつは、からだの　中《なか》には、いつも　すこしだけ　でん気《き》が　ながれて　いるのですが、このときは　からだが　はりきりすぎて、でん気《き》を　たくさん　ながして　しまいます。これが、ぴりぴりした　しびれなのです。

ほんとうに
でん気《き》が　ながれて
いるんだ！
正《せい》ざを　やめた　とき
ぴり
ぴり
ドドーッ
けっかんが
ひらいたぞ！
でん気《き》
ビリ
ビリ
モグ
モグ
えいようだ！

第《だい》2話《わ》

ここは
だいどころか。
うめぼしだ！
つばが
出《で》て
きたよ。

クイズ

すっぱい　ものを
見《み》ると　どうして
つばが　出《で》るの？

ア
空気《くうき》の　中《なか》に　すっぱい
しるが　ただよって　いるから。

イ
まえに　すっぱい　ものを
たべた　ときを
おもい出《だ》すから。

ウ
つばが出《で》る　まほうが
しくまれて　いるから。

ピピの　口《くち》、すごく　すぼんでる！

すっぱい　ものを　見《み》た　だけなのに、つばが　出《で》て　きたの。

つばは　なんの　ために　出《で》るの？

たべものを　しめらせて　のみこみやすく　したり、えいようを　とりこみやすく　したり　するためさ。

なにも　たべて　ないのに　気《き》が早《はや》いね。

つばには　いろんな　やくわりが　あるんだな。

つばの　おもな　やくわり

しょうかを　たすける。
ゴックン
たべものを　しめらせて　のみこみやすく　する。
虫《むし》ばから　はを　まもる。

答《こた》えは次《つぎ》のページ！

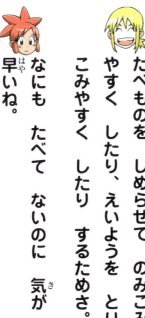

答《こた》え

イ　まえに　すっぱい　ものを　たべた　ときを　おもい出《だ》すから。

【解説《かいせつ》】

うめぼしや　レモンなど　すっぱい　ものを　たべると、つばが　たくさん　出《で》てきますね。だけど、たべなくても　見《み》ただけで　つばが　出《で》るのは　なぜでしょう。

すっぱい　ものを　見《み》た　とき、のうは「いまから　すっぱい　ものを　たべるぞ」と、じゅんびを　します。そして、からだに　めいれいして、つばを　たくさん　出《だ》

まえに　つばが
いっぱい　出《で》たから、
じゅんび　するぞ！

します。

これは、まえに　すっぱい　ものを　たべた　ときに　つばを　たくさん　出《だ》した　ことを　のうが　おぼえている　からです。

ちなみに、うめぼしを　たべた　ことが　ない人《ひと》は、うめぼしを　見《み》ても　つばは　出《で》ません。

つばは　1日《にち》に、
大《おお》きい　ぎゅうにゅうパックと
おなじ　くらいの　りょうが
出《で》るよ。
MILK

レモン
うめぼし

第《だい》3話《わ》

クイズ

どうして　くしゃみが　出《で》るの？

ア　空気《くうき》を　たくさん　すいこむため。

イ　大《おお》きな　音《おと》を　出《だ》して　虫《むし》を　おいはらうため。

ウ　よくない　ものを　からだから　おい出《だ》すため。

ジオ、大《おお》きな　くしゃみが　出《で》たけど、かぜなの？

いや、だいじょうぶ。はなに　ほこりが　入《はい》った　だけだよ。

たしかに、この　へやは　ほこりっぽいね。ゴホゴホ。

ケイちゃんは　くしゃみじゃなくて、せきが　出《で》たね。

くしゃみと　せきは　おなじ　はたらきを　して　いるのかな？

くしゃみ

せき

答《こた》えは次《つぎ》のページ！

答《こた》え

ウ よくない　ものを　からだから　おい出《だ》すため。

【解説《かいせつ》】

みなさんは、はなや　口《くち》から　空気《くうき》を　すって　いますね。空気《くうき》は、人《ひと》が　生《い》きて　いくのに　ひつような　ものです。

でも、空気《くうき》に　まじって　よくない　ものが　入《はい》って　くることも　あります。びょう気《き》の　もとになる　ばいきんや　ほこり　などです。

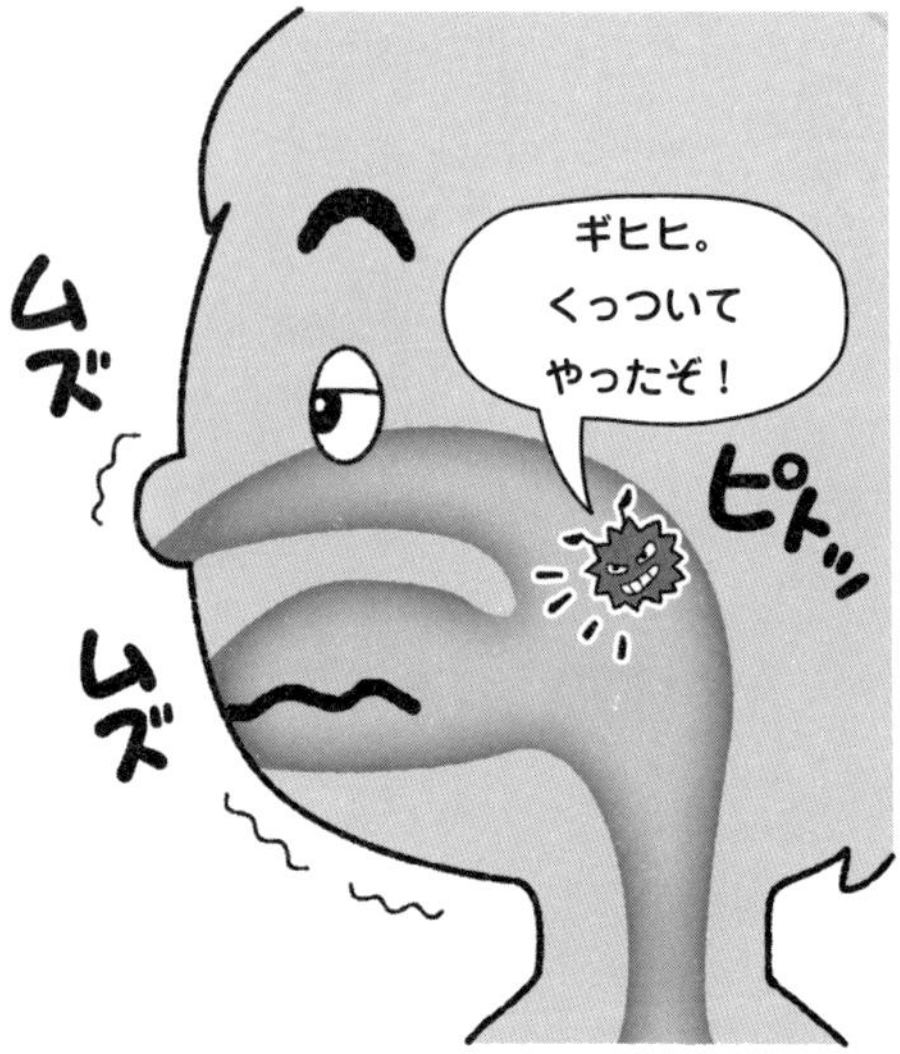

そんな　とき、からだは　空気《くうき》を　一気《いっき》に　はき出《だ》して　よくない　ものを　おい出《だ》そうと　します。

はなの　中《なか》に　くっついた　ものを　おい出《だ》そうと　するのが　くしゃみです。のどに　くっついた　ものを　おい出《だ》そうと　するのが　せきです。

つまり、くしゃみや　せきは、からだが　じぶんを　まもろうと　して　出《で》るものなのです。

ハーックション！
くしゃみで
出《で》る　空気《くうき》は、
しんかんせんなみの
はやさなんだって！
はやっ！

第《だい》4話《わ》

はなくそが出《で》て きたよ。
きたないな！
ジオ、すご〜い！

クイズ

はなくその しょうたいって なに？

ア 空気《くうき》の 中《なか》の ごみを はな水《みず》で くるんだ もの。

イ 口《くち》から 上《あ》がってきた たべものの かす。

ウ のうが 出《だ》す うんちの ような もの。

ジオの　はなくそ、すごく　大《おお》きい
ね。

こんなに　大《おお》きな　はなくそを
出《だ》せる　人《ひと》は　なかなか　いないぞ。
エッヘン！

べつに　いばる　ような　ことじゃ
ないぞ。

空気《くうき》が　わるいと、はなくそが
たまりやすいって　きいた　ことが
あるよ。

はなの　中《なか》が　きずつくから、むりに　ほじったら　だめだよ。
答《こた》えは次《つぎ》のページ！

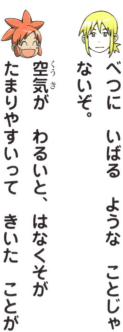

答《こた》え

ア 空気《くうき》の 中《なか》の ごみを はな水《みず》で くるんだ もの。

【解説《かいせつ》】
空気《くうき》には、すなや ほこり などの 目《め》に 見《み》えない ごみが まじって います。
でも、空気《くうき》は すいたいけど、ごみは すいたく ないですよね。
そこで、はなの あなには ごみを とりのぞいて、きれいな 空気《くうき》を とおす しくみが そなわって います。

スゥ～
はなの あなに 入《はい》るぞ！

空気《くうき》と いっしょに ごみが 入《はい》って くる。

大《おお》きな ごみは はなげにひっかかる。

はなげに ひっかかりました！
うわ～っ！
だいじょうぶか？

はなの　あなは　はなげが　生《は》えて　いて、ひょうめんは　ねばねばした　はな水《みず》で　しめって　います。
空《くう》気《き》が　はなに　入《はい》って　くると、まず大《おお》きな　ごみを　はなげに　ひっかけてとりのぞきます。小《ちい》さな　ごみは　ねばねばした　はな水《みず》で　からめとります。
　こうして　キャッチした　ごみを　はな水《みず》で　くるみ、かたまった　ものが　はなくその　しょうたいなのです。

だめだ！
わしも
うごけない！
たいちょう！
ねば
ねば

小《ちい》さな　ごみは
はな水《みず》に
からめとられる。

かたまって
はなくそになる。

空《くう》気《き》が　わるいと
はなげが　ながく
なる　気《き》が　するよ。

第《だい》5話《わ》

クイズ

カに　さされると
どうして
かゆく　なるの？

ア　カの　つばが　からだに
入《はい》るから。

イ　カの　はりが　はだを
くすぐるから。

ウ　さされた　あとに
ばいきんが　入《はい》るから。

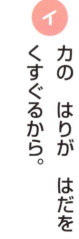

ジオ、いっぱい　カに　さされたね。

うう、かゆいよ。（ガリガリ）

ジオ、かゆいからって　かいちゃ
だめだぞ。はだが　きずついて、
もっと　わるくなるかも　しれない。

じゃあ、どうすれば　いいの？

虫《むし》さされの　くすりを　ぬると
いいよ。

カに　さされやすいのは
こんな　人《ひと》！

たいおんが　たかい　人《ひと》

37.0℃

あせを　かいた　人《ひと》

おさけを
のんだ　人《ひと》

答《こた》えは次《つぎ》のページ！

答《こた》え

ア カの　つばが　からだに　入《はい》るから。

【解説《かいせつ》】

カは　口《くち》に　ついて　いる　するどい　はりを　さして、ちを　すいます。

カは、ちを　すうのと　どうじに、はりの　先《さき》から、つばを　からだに　入《い》れます。すると、からだは　みょうな　ものが　入《はい》って　きたと　かんじて、かゆく　なったり、赤《あか》く　はれたり　するのです。

ちを　すうのは　メスだけなんだ！
たまごを　うむから、えいようを　たくさん　とらなきゃ！
プスッ
ひふ
けっかん
カの　つばは、ちを　かたまりにくく　する　はたらきが　ある。

人《ひと》を　さす　虫《むし》は、ほかにも　たくさん　いま す。でも、さす　りゆうは、虫《むし》に　よって　いろいろです。

カの　ように、えいようを　とるために　ちを　すう　虫《むし》も　いれば、ハチの　ように、すを　まもる　ために、すに　ちかづいた　人《ひと》を　こうげき　して、どくばりを　さす　虫《むし》も　います。

人《ひと》を　さす　虫《むし》を　見《み》つけたら、ちかよらない　ように　しましょう。

おなか
いっぱい！
ブ〜ン
やっつけろ！
へんな　やつが
いるぞ！
かゆくなったり　はれたり　するのは、
からだが　たたかって　いるから。

第《だい》6話《わ》

やさいの
はたけだ。
わあい。
おいし
そう!

クイズ

どうして　やさいを たべないと いけないの?

ア　やさいは　にくに　くらべて、ねだんが　やすいから。

イ　からだの　ちょうしを　よく　するため。

ウ　やさいが　うれなくなると、おみせの　人《ひと》が　こまるから。

わあ。いろんな　やさいが　そだって　いるよ！

みどりいろの　やさいが　おおいけど、赤《あか》や　オレンジいろの　やさいも　あるね。

わたしは、なにいろの　やさいでもすきだよ。

ピピは　なんでも　たべるから、いつも　げん気《き》　なのかな？

みんなは　どの　やさいが　すき？
ホウレンソウ
キャベツ
カボチャ
タマネギ
ニンジン
キュウリ
ピーマン
トマト
答《こた》えは次《つぎ》のページ！

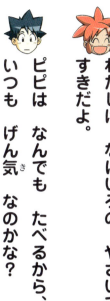

答《こた》え

イ からだの　ちょうしを　よく　するため。

【解説《かいせつ》】

やさいには、**ビタミン**や　**ミネラル**という　たいせつな　えいようが　たくさん　ふくまれて　います。

ビタミンや　ミネラルには、からだの　ちょうしを　よく　する　はたらきが　あります。

やさいを　たべないと、からだの　ちょうしが　わるく　なったり、びょう気《き》に

五《いつ》つの　えいよう

たん水《すい》かぶつ
からだを　うごかす
エネルギーに　なる。

たんぱくしつ
からだを
じょうぶに　する。

かかりやすく　なったりして　しまうのです。

でも、やさいだけを　たべて　いれば　いい　わけでは　ありません。ごはんや　にく、さかななど、たべものには　それぞれ　たいせつな　はたらきが　あります。

いろんな　ものを　バランスよく　たべる　ことが　だいじです。

たべものには　いろんな　えいようが　ふくまれているよ。
ししつ
エネルギーに　なったり、からだを　じょうぶに　したり　する。
バター
あぶら
ミネラル
からだを　げん気《き》に　する。
ビタミン
からだの　ちょうしを　よく　する。

第《だい》7話《わ》

ジオ、どうしたの？
うんちが出《で》そう……。
すぐに　中《なか》にもどるぞ。

クイズ

どうして　うんちは　出《で》るの？

ア　たべものの　かすを　からだから　出《だ》すため。

イ　いらなく　なった　ちを　からだから　出《だ》すため。

ウ　おならを　かためて　からだから　出《だ》すため。

よかった。トイレに　まにあったよ。
ジオ、どんな　うんちが　出《で》たの？
ええっ？　ケイちゃんは　人《ひと》の
うんちに　きょうみが　あるの？
うんちで　おなかの　ちょうしが
わかるんだ。
おうどいろで　バナナみたいな
かたちだったよ。
それなら　ぜっこうちょうだよ。

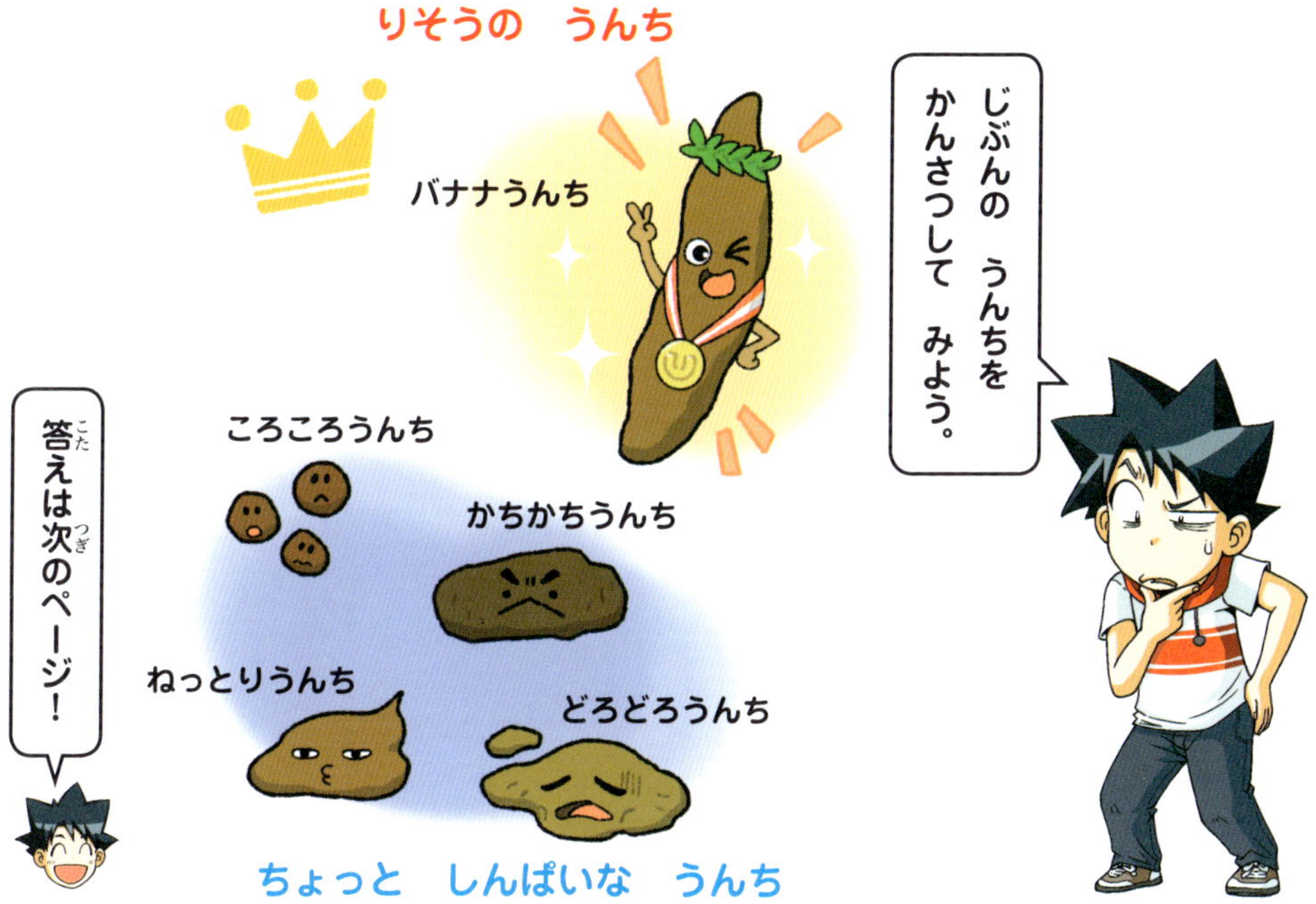
りそうの　うんち
バナナうんち
じぶんの　うんちを
かんさつして　みよう。
ころころうんち
かちかちうんち
ねっとりうんち
どろどろうんち
ちょっと　しんぱいな　うんち
答《こた》えは次《つぎ》のページ！

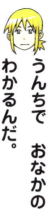

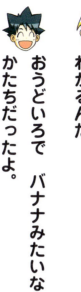

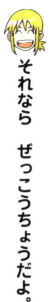

答《こた》え

**ア　たべものの　かすを
からだから　出《だ》すため。**

【解説《かいせつ》】

口《くち》から　たべた　ものは、おなかの　中《なか》を　とおって　いく　うちに、からだに　ひつような　えいようや　水《みず》が　ぬきとられます。

そして、さいごに　あまった　かすが　おしりの　あなから　出《だ》されます。

この　あまった　かすが　うんちなのです。

①口《くち》
はで　くだいて
つばを　まぜる。

②い
えきで　とかし
どろどろに　する。

うんちに　なるまで
1日《にち》くらい　かかるよ。

たべた　ものが
うんちに　なるまで

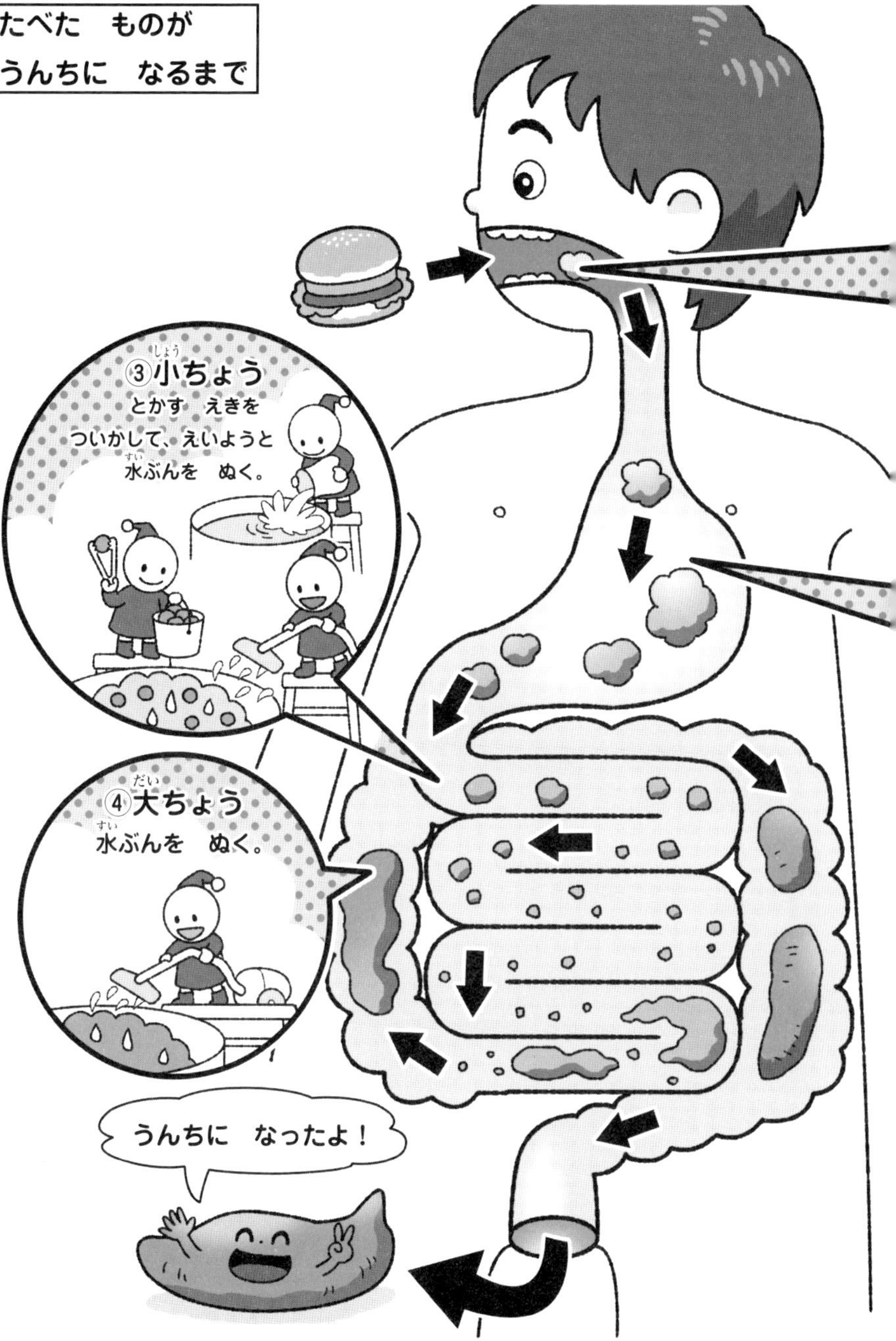
③小《しょう》ちょう
とかす　えきを
ついかして、えいようと
水《すい》ぶんを　ぬく。
④大《だい》ちょう
水《すい》ぶんを　ぬく。
うんちに　なったよ！

第《だい》8話《わ》

クイズ

よるに　なると
どうして
ねむく　なるの？

ア　そとで　あそべなくて
たいくつ　だから。

イ　目《め》が　つかれて　休《やす》もうと
するから。

ウ　のうが　休《やす》もうと　するから。

もう　よるの　9じだぞ。

わたし、いつもなら　ねて　いる
じかんだよ。

小学《しょうがく》1年生《ねんせい》は　10じかんは　ねない
と　いけないぞ。あさ6じに　おき
るなら、よる8じには　ねないとね。

きょうは　はかせを　さがしまわっ
て、つかれちゃったよ。

ぐっすり　ねると、つぎの　日《ひ》には
げん気《き》になるよ。

ねる　じかんが
足《た》りないと、
こんな　ことに
なるぞ。
ひるまに
ねむく　なる。
ウト
ウト
きおく力《りょく》が
わるく　なる。
テスト
せが
のびにくく
なる。
ふとる。
答《こた》えは次《つぎ》のページ！

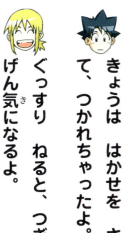

答《こた》え

ウ のうが 休《やす》もうと するから。

【解説《かいせつ》】

わたしたちは ふだん 見《み》たり きいたり かんがえたり、からだを うごかしたり して いますね。こんな ふうに、わたしたちが かつどうする ときは すべて、のうが めいれいを 出《だ》して います。

ですから、ひるま 学校《がっこう》に いったり あそんだり して いる とき、のうは いそがしく はたらいて います。

でも、だんだんと　つかれが　たまってきて、よるには　のうは　すっかり　くたびれて　しまいます。そこで、のうを　休《やす》めようとして　ねむく　なるのです。
のうは　ねむる　ことで　げん気《き》に　なり、つぎの　日《ひ》も　がんばって　はたらくことが　できます。よるは　しっかり　ねむって、のうの　パワーを　たくわえましょう。

よる
もう
つかれたよ〜。
のう▶
おきている
あいだ、のうは
大《おお》いそがしだね。

第《だい》9話《わ》

ねる　まえに
ふろに
入《はい》るのじゃ。
はかせ？

クイズ

どうして
おふろに　入《はい》らないと
いけないの？

ア　からだに　ついた
わるい　ものを　とるため。

イ　からだに　水《すい》ぶんを
入《い》れるため。

ウ　からだを　あたためて
たいおんを　上《あ》げるため。

はかせ、ずっと　さがして　いたん
ですよ！

すまん　すまん。ちかしつで
じっけんを　して　いたんじゃ。

ねむいよ〜！　おふろに　入《はい》るの
めんどくさいな。

あせを　かいて　べたべただから、
ぼくは　入《はい》るよ。

ピピも　入《はい》らないと　くさくなる
ぞ！

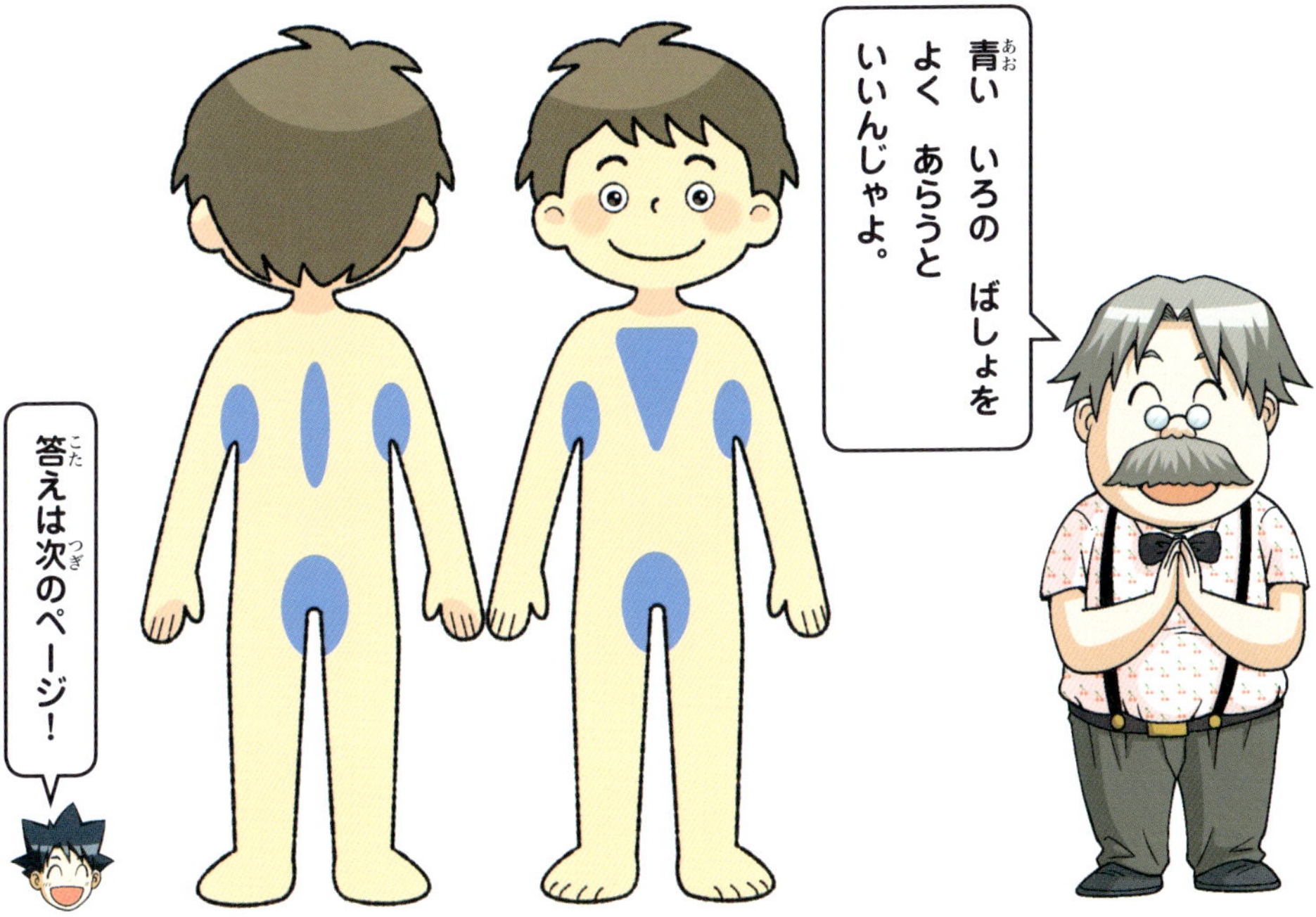

青《あお》い　いろの　ばしょを
よく　あらうと
いいんじゃよ。
答《こた》えは次《つぎ》のページ！

答《こた》え

ア　からだに　ついた　わるい　ものを　とるため。

【解説《かいせつ》】

からだには、ほこりや　たべものの　かす、カビや　ばいきんなどの　空気《くうき》に　まじっている　よごれが　くっつきます。

そこに、あせや　あぶら、ふるくなった　ひふなど、からだから　出《で》る　よごれも　まじります。

からだに　ついた　よごれを　そのままに　して　おくと、はだに　わるい　し

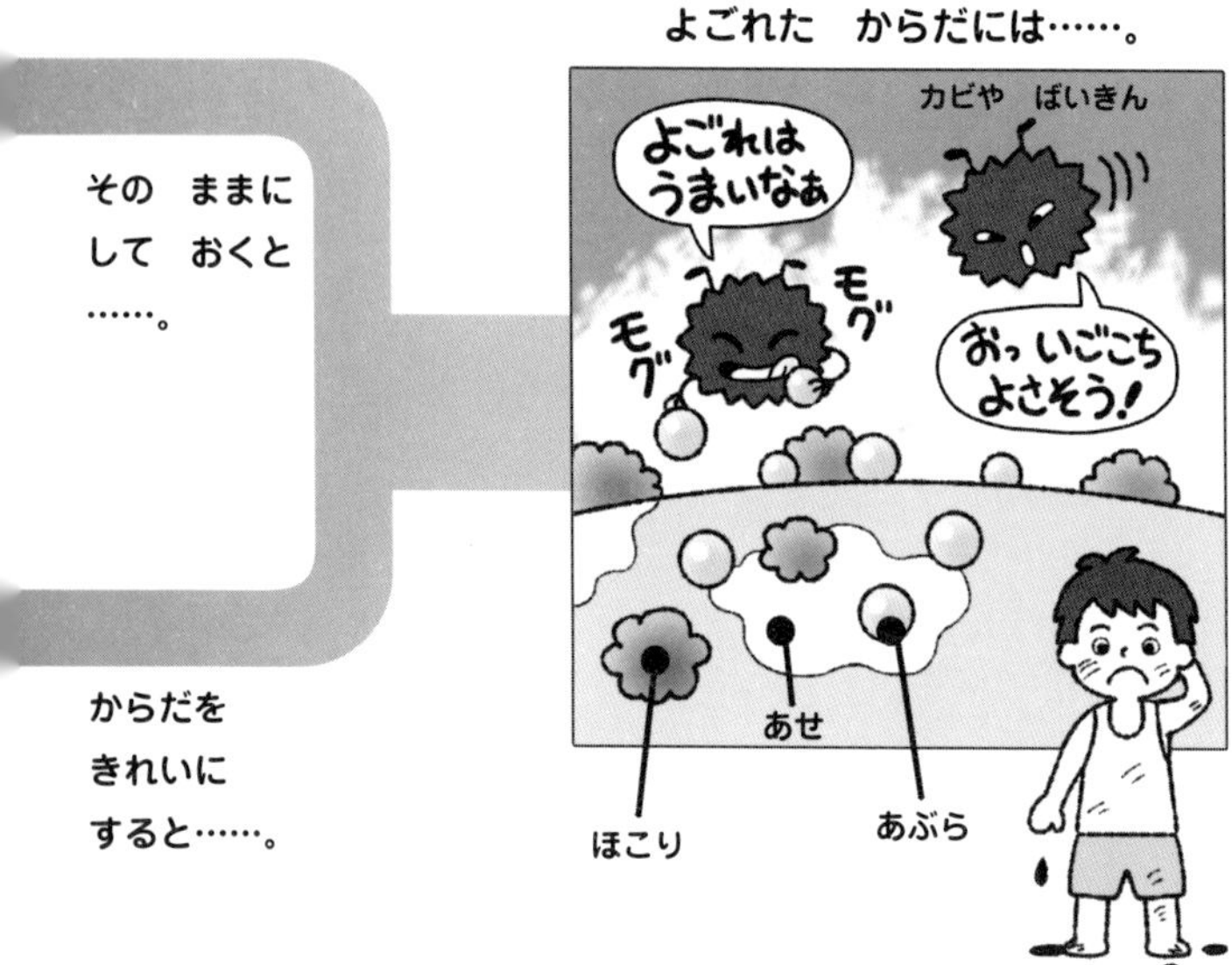

よごれた　からだには……。
カビや　ばいきん
よごれは　うまいなぁ
モグ
モグ
おっ　いごこち　よさそう！
あせ
ほこり
あぶら
その　ままに　して　おくと……。
からだを　きれいに　すると……。

げきを　あたえて　しまいます。
また、カビや　ばいきんが　あせや　あぶらを　えさに　して　ふえて　しまい、びょう気《き》を　ひきおこす　ことも　あります。
そうなる　まえに　おふろに　入《はい》って、からだに　ついた　よごれを　きちんと　おとしましょう。

なかまがふえたぞ
こうげきしてやる!
チク
チク
ポン!
ザバー
ながされるー!
スッキリ!
ピピ、おふろは
ちゃんと
入《はい》ってよ。

第《だい》10話《わ》

これは
かつらじゃ。
かみのけが
のびてる!?
なあんだ。
なんで
かつらを
……!?

クイズ

どうして　かみのけは　のびるの？

ア　いざという　ときに　かおを　かくすため。

イ　だいじな　あたまを　まもるため。

ウ　いろんな　かみがたを　たのしむため。

はかせ！　どうして　かつらを
かぶって　いるんですか？

じつは、ちかしつが　さむかったから　かぶって　みたんじゃ。かみのけが　ながいと　あたたかい　じゃろ？

かみのけって、あたまを　あたためる　ために　のびるのかな？

さすが、ジオじゃ。いい　ところに気《き》が　ついたのう。

かみのけは　バナナを
つり下《さ》げられるぐらい　つよい！
かみのけって　すごいね。
答《こた》えは次《つぎ》のページ！

答《こた》え

イ　だいじな　あたまを　まもるため。

【解説《かいせつ》】

あたまの　中《なか》には、だいじな　のうが入《はい》っています。

かみのけは、あつさや　さむさから　のうを　まもる　はたらきを　しています。

また、あたまに　なにかが　ぶつかったり、ころんで　あたまを　うったり　したときには、かみのけが　クッションの　やくわりを　して、のうを　しょうげきから

かみのけの　やくわり

あつさや　さむさから
のうを　まもる。

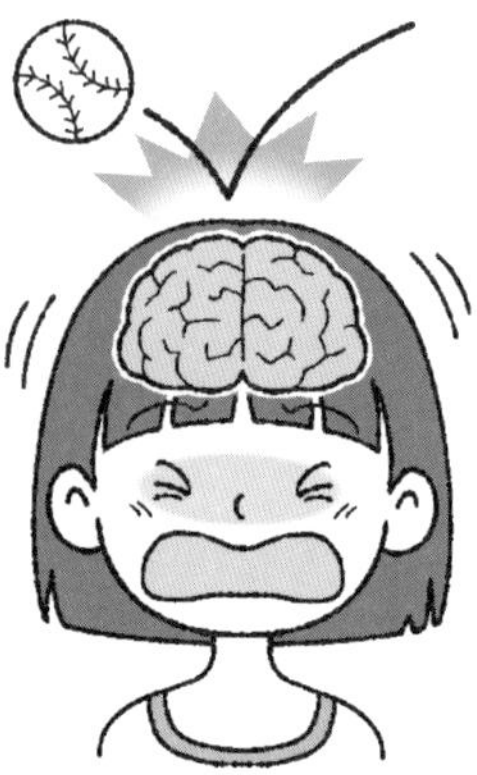

しょうげきから
のうを　まもる。

まもっています。

かみのけは、からだの　ほかの　けより　じゅみょうが　ながいので、そのぶん、ながく　のびます。かみのけを　きらないで　ずっと　のばしつづけると、ふつう　40センチメートルから　80センチメートルまで　のびます。なかには、1メートルよりも　ずっと　ながい　かみのけの　人《ひと》も　います。

かみがたで
見《み》た目《め》の　いんしょうが
ぜんぜん　ちがうね！

これ
しってる?

人《ひと》の　からだの　おもしろい　おはなし

まゆげは　にんげんしか もって　いない?

人《にん》げんの　目《め》の　上《うえ》には　まゆげが あるけれど、ほかの　ほとんどの　どうぶつは　もって　いないんだよ。
どうぶつえんに　いったら、いろいろな　どうぶつの　目《め》の　上《うえ》を　見《み》て

ほとんどの どうぶつは、まゆげは ないけれど、かおに いっぱい 毛《け》が 生《は》えて いるね。

みて。
ゾウや　ライオンだけでなく、人《にん》げんに　ちかい　サルや　ゴリラにも、目《め》の　上《うえ》に　まゆげは　ないことがわかるよ。
どうして　人《にん》げんだけに　あるのかふしぎだね。

きんじょの　イヌにも
まゆげは　なかったよ。

生《い》きもののサバイバル

ジオ、ピピ、ケイの　3人《にん》は、しぜんが
いっぱいの　しまに　あそびに　きたよ。

クイズを　ときながら、
しまを　たんけんしよう！

第《だい》1話《わ》

カブトムシだ！
かっこいいね！
つのがないのはメスだよ。

クイズ

カブトムシのメスにはどうしてつのがないの？

ア メスはけんかをしないから。

イ つのがないほうがかわいいから。

ウ つのがあるとおもたくていやだから。

ジオ、見《み》て。あそこに　カブトムシが　いるよ！

ほんとうだ！　オスと　メスが　いるぞ。木《き》の　みつを　なめて　いるんだな。

オスには　りっぱな　つのが　あるのに、メスに　ないのは　ふしぎだね。

クワガタも　きたぞ。クワガタの　はさみの　ような　あごも、オスの　ほうが　大《おお》きいんだ。

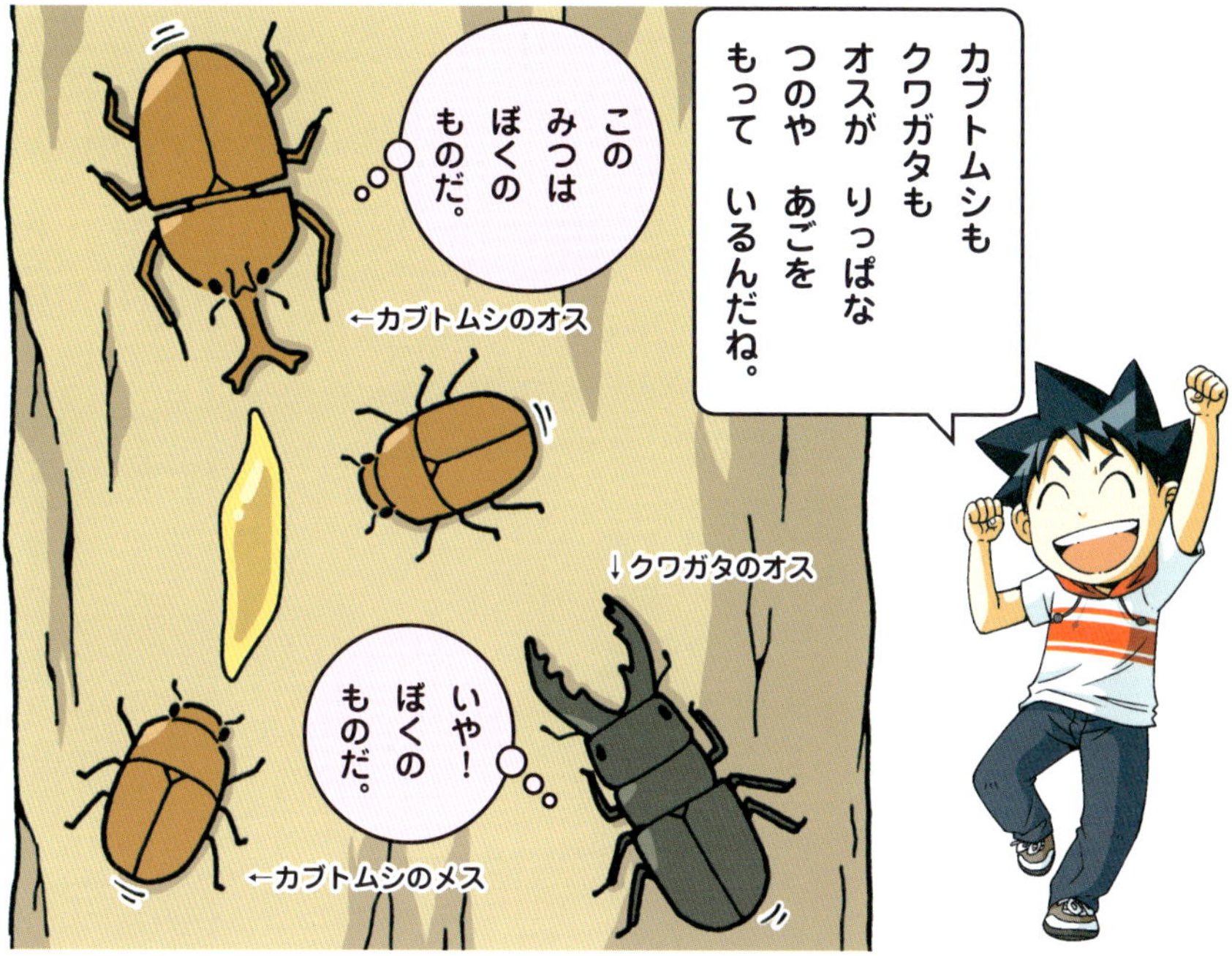

カブトムシも　クワガタも　オスが　りっぱな　つのや　あごを　もって　いるんだね。
この　みつは　ぼくの　ものだ。
←カブトムシのオス
↓クワガタのオス
いや！　ぼくの　ものだ。
←カブトムシのメス

答《こた》えは次《つぎ》のページ！

答《こた》え

ア メスは　けんかを　しないから。

【解説《かいせつ》】

カブトムシの　つのは　けんかを　する
ために　あります。メスは　けんかを　し
ないので、つのが　ありません。
メスに　とって　一《いち》ばん　たいせつな
ことは、たまごを　うむことです。もし、
けんかを　して　けがを　したり　すると、
じょうぶな　たまごを　うめなく　なって
しまうかも　しれません。

どうだい。
りっぱな　つの
だろう。
ぐぐぐ
わたしは
つのなんて
いらないのよ。

いっぽう、カブトムシの　オスは、メスを　とりあったり、えさの　木《き》の　みつを　とりあったり　して、けんかを　します。けんかに　まけた　オスは、メスも　えさも　手《て》に　入《はい》らないのです。

カブトムシの　つのも　クワガタの　大《おお》きな　あごも、けんかの　ために　あるのね！

ぐぐっ
ぼくだって　つよい　あごが　あるんだぞ！
ね～
わたしたち　けんかなんて　しないもんね！

第《だい》2話《わ》

見《み》て。ダンゴムシ。
まるまって おもしろい!

クイズ

ダンゴムシは どうして まるく なるの?

ア はずかしくて かおを かくしたいから。

イ てきから みを まもるため。

ウ さわられて くすぐったく なるから。

ダンゴムシって　おもしろいね。
さわると　まるく　なっちゃうよ。

まるくて　かたくて、ビーだま
みたいだね！

ケイちゃん。こっちの　ダンゴムシ
は、さわっても　まるく　ならない
よ。

まるく　ならないのは　ちがう
しゅるいだよ。ワラジムシと　いう
んだ。

そっくりなのに　ちがう　もの　なんだね。
ぼくは　ダンゴムシ。まるく　なるよ。
ぼくは　ワラジムシ。まるく　ならないよ。
答《こた》えは次《つぎ》のページ！

答《こた》え

イ　てきから　みを　まもるため。

【解説《かいせつ》】

ダンゴムシが　まるく　なるのは、てきから　じぶんの　みを　まもる　ためです。ダンゴムシの　じゃくてんは、やわらかい　おなかです。

ダンゴムシを　おそう　アリなどの　てきは、するどい　きばを　もっています。おなかを　かまれたら、どうする　ことも　できません。

わたしの　からは　すこしずつ　かさなって　いるんだ。
あ！　アリが　きたぞ。

いっぽう、ダンゴムシの　せなかは、かたい　からで　おおわれて　います。アリの　するどい　きばも、この　かたい　からには、はが　立《た》ちません。それで、てきに　おそわれると、からだを　まるめて　じゃくてんの　おなかを　まもるのです。

ダンゴムシの　からだは　14の　ふしに　わかれて　いるよ。

へーんしん!
からの　かさなりを　ずらして　まるく　なるよ。
かたくて　かめないよ!

第《だい》3話《わ》

きれいなお花《はな》がいっぱい！
どうして花《はな》はさくんだろう？

クイズ

花《はな》は　どうしてさくの？

ア　きれいな　いろや、いいにおいで　虫《むし》を　さそうため。

イ　きれいに　さいて人《ひと》を　よろこばせるため。

ウ　花《はな》を　さかせて　はるがきた　ことを　おしえるため。

いろんな　花《はな》が　さいて　いるね。

うーん。どうして　花《はな》が　さくのかな？

こんな虫《ちゅう》や　どうぶつは　じぶんでうごける　けれど、しょくぶつはうごけないよね。これが　ヒントだよ。

うごけないから　花《はな》を　さかせる？うーん、よく　わかんない。

花《はな》は、やがて
みに　なったり
たねに　なったり
するよ。

答《こた》えは次《つぎ》のページ！

答《こた》え

ア きれいな　いろや、いい　においで　虫《むし》を　さそうため。

【解説《かいせつ》】

花《はな》が　さくのは、きれいな　いろや　いい　においで　虫《むし》を　さそう　ためです。草花《くさばな》や　木《き》は、なかまを　ふやす　ために　たねを　つくります。たねを　つくるためには、なかまの　花《か》ふんを　もらわないと　いけません。

でも、草花《くさばな》や　木《き》は　うごけないので、じぶんの　力《ちから》で　なかまと　出《で》あうことが

あまい　みつを
あげるから、
花《か》ふんを
はこんでね。
花《か》ふんが
いっぱい
ついちゃった！
めしべ
おしべ

できません。それで、虫《むし》に　たすけて　もらうのです。
虫《むし》は　花《はな》の　おいしい　みつが、大《だい》こうぶつです。花《はな》は、きれいな　いろや　においで　おいしい　みつが　ある　ことを、虫《むし》に　しらせます。そして、虫《むし》に　おいしい　みつを　あげる　かわりに、花《か》ふんを　はこんで　もらうのです。

虫《むし》から　なかまの　花《か》ふんを
もらった　花《はな》は、やがて
たねを　つくるんだ。

つぎは
こっちね。
花《か》ふんが
めしべの　先《さき》に
つくと、たねが
できるのよ。

第《だい》4話《わ》

とんで　いけ～～！
あはは。たのしい！
わあ！ちょっと　まって！

クイズ

タンポポの　たねは　どうして　ふわふわ　とんで　いくの？

ア　雨《あめ》の　水《みず》を　早《はや》く　あびたいから。

イ　とんでいる　虫《むし》を　つかまえるため。

ウ　とおくの　ばしょにも　なかまを　ふやすため。

フーッ。タンポポの　わたげって、一《ひと》ふきで　２００こくらいが　ばらばらに　なるんだって！

ジオ、タンポポは　白《しろ》い　わたげが　できる　まえに、一《いち》ど　たおれるって　しってた？

え？　そうなんだ？

そして、たおれる　まえよりも、たかく　のびるんだよ。

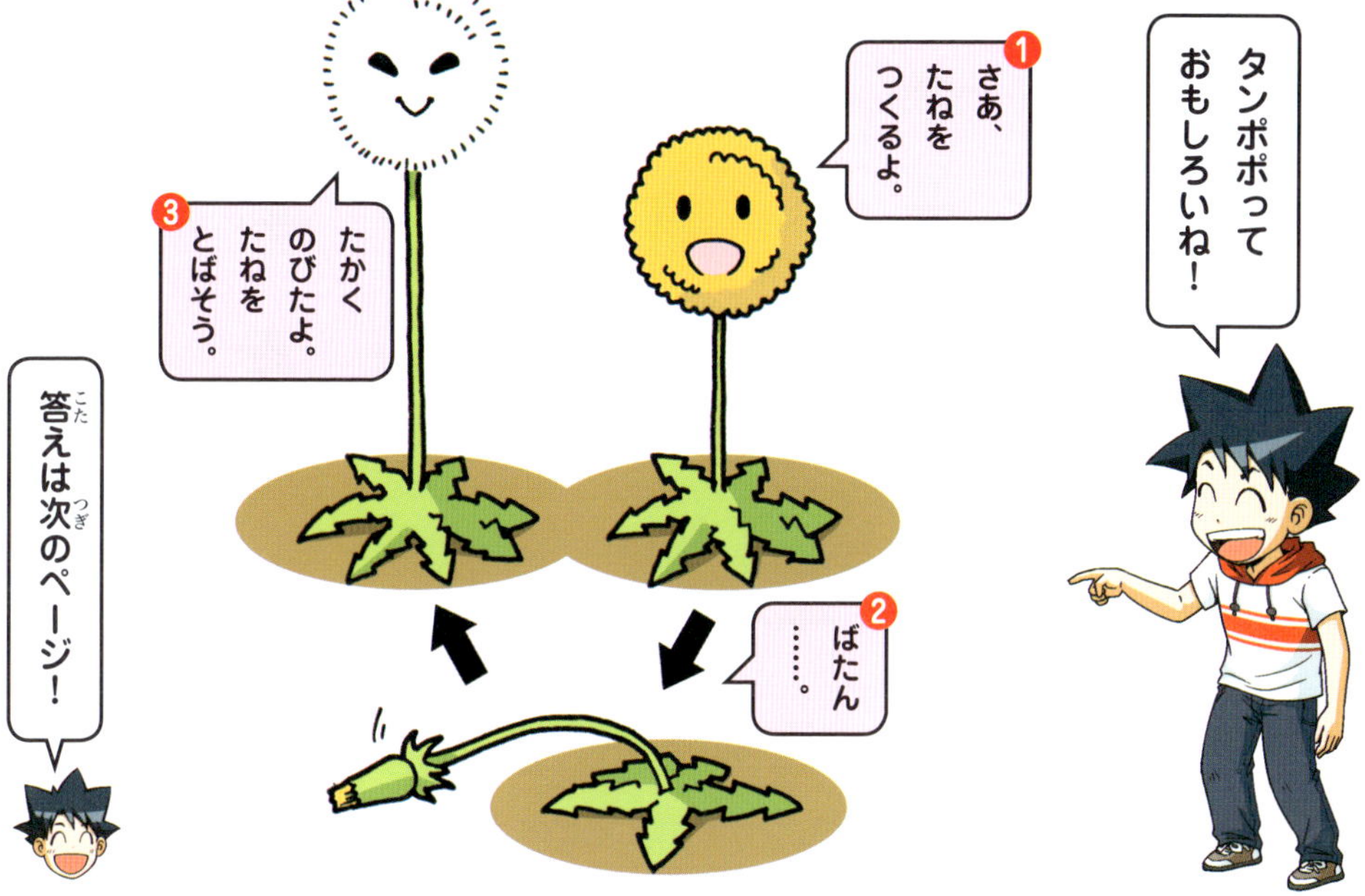
タンポポって　おもしろいね！
1 さあ、たねを　つくるよ。
2 ばたん……。
3 たかく　のびたよ。たねを　とばそう。
答《こた》えは次《つぎ》のページ！

答《こた》え

ウ　とおくの　ばしょにも　なかまを　ふやすため。

【解説《かいせつ》】

タンポポの　たねが、ふわふわ　とんで　いくのは、とおくの　ばしょにも　なかまを　ふやす　ためです。

草花《くさばな》や　木《き》は、たねが　めを　出《だ》して　せいちょうして　ふえて　いきます。たねを　かぜに　のせて、とおくに　とばすことが　できれば、たくさんの　ばしょに、なかまを　ふやすことが　できます。

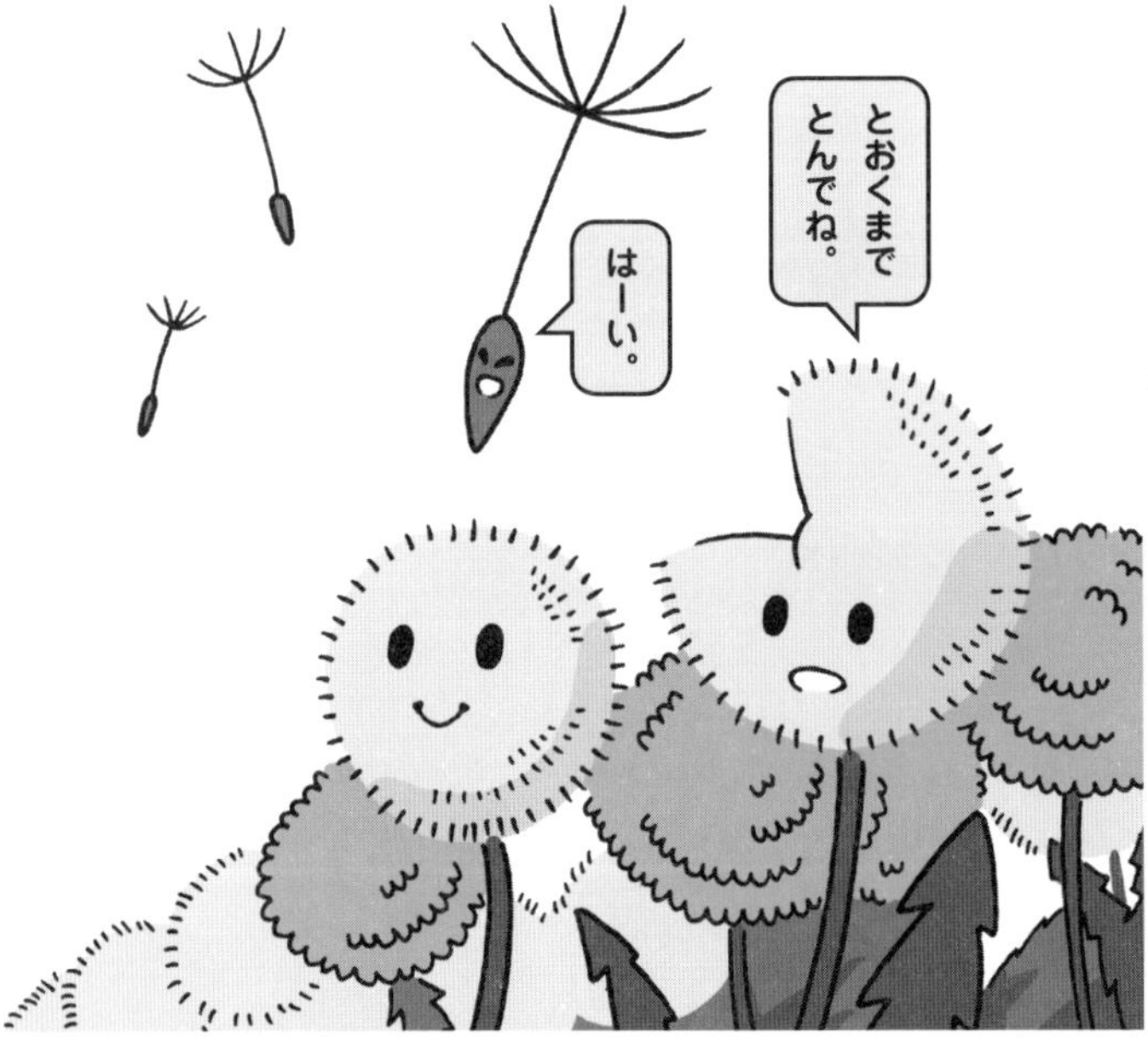
とおくまで
とんでね。
はーい。

タンポポだけで　なく、ほかの　草花《くさばな》や
木《き》も、たねを　とおくへ　とばす　ちえを
もって　います。
たねの　とばしかたは、草花《くさばな》や　木《き》に
よって　ちがいます。じぶんで　はじける
ものや、人《ひと》や　どうぶつに　くっついて
はこばれる　ものなど、いろいろ　ありま
す。

とんだり
くっついたり
いろんな　たねが
あるんだね。

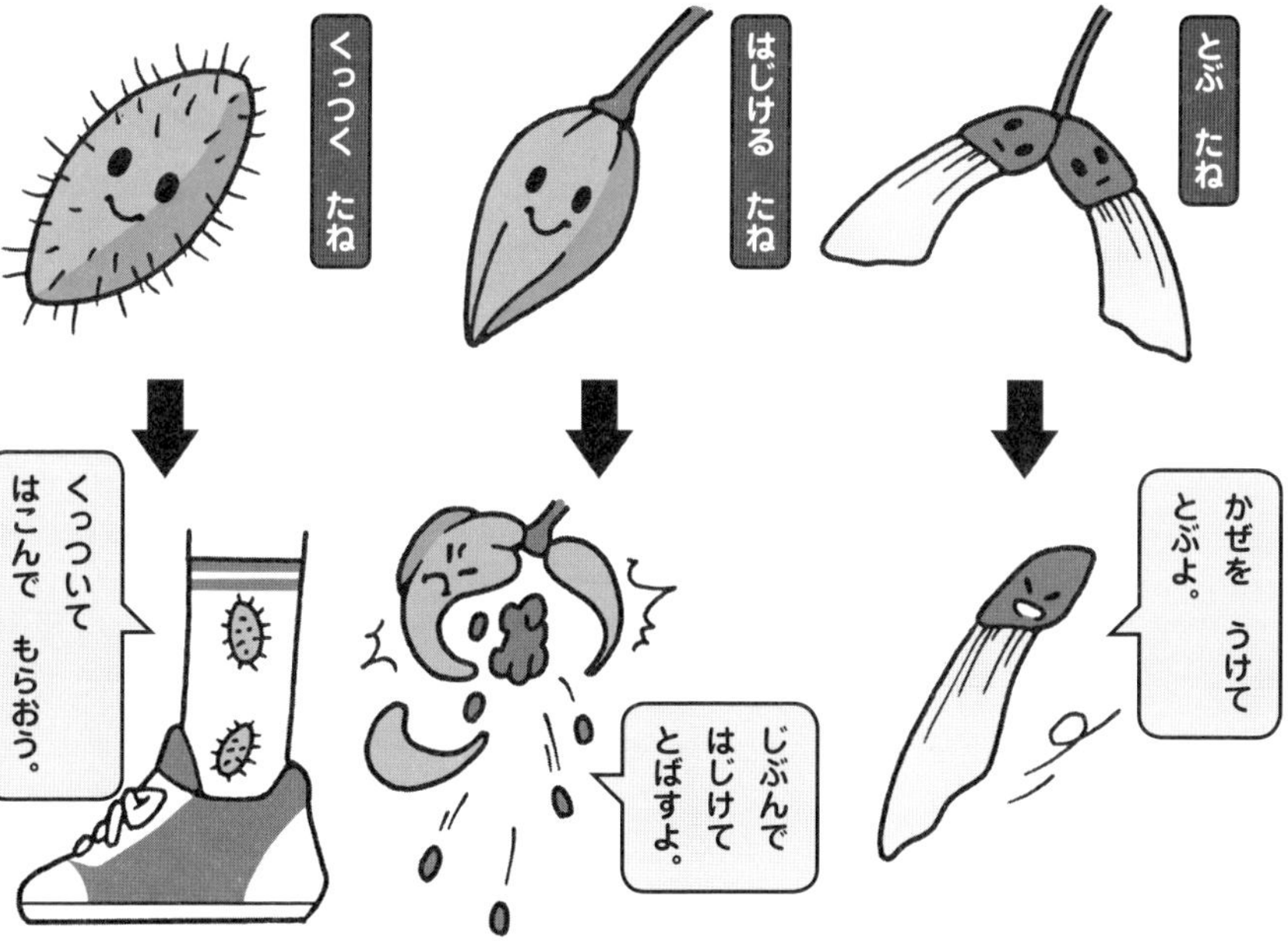
とぶ　たね
かぜを　うけて
とぶよ。
はじける　たね
じぶんで
はじけて
とばすよ。
くっつく　たね
くっついて
はこんで　もらおう。

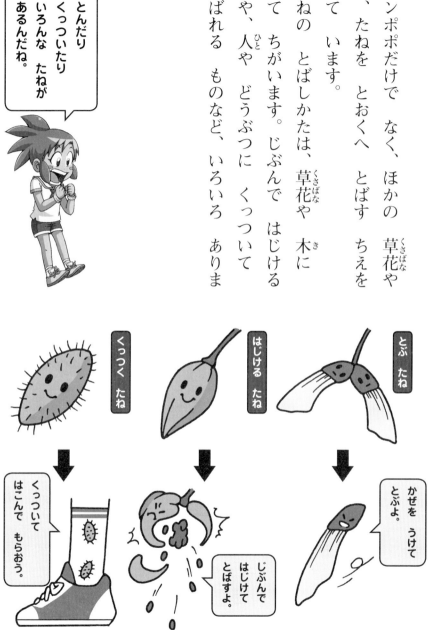

第《だい》5話《わ》

クイズ

**きれいな　はねを
もつ　クジャクは
オスと　メス
どっち？**

ア　オス

イ　メス

ウ　オスも　メスも
おとなに　なると　きれいな
はねに　なる。

クジャクが　はねを　ひろげている！　きれいだな！

クジャクが　はねを　ひろげるのは、はるから　なつの　あいだ　だけなんだよ。

そうなの？　じゃあ、あきや　ふゆに　きれいな　はねは　見《み》られないんだ。

きれいな　はねは　だんだん　ぬけて、1年《ねん》で　生《は》えかわるんだ。

クジャクの　きれいな　はねを　かざりばね　というよ。
オス？　メス？
おとな？　子《こ》ども？
答《こた》えは次《つぎ》のページ！

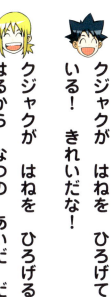

答《こた》え

ア オス

【解説《かいせつ》】

きれいな　はねを　もっているのは、おとなの　オスの　クジャクです。

とりの　なかまは　たいてい、オスの　ほうが　きれいな　はねを　もっています。

それは、きれいな　はねを　メスに　見《み》せて、じぶんを　けっこん　あい手《て》に　えらんで　もらう　ためです。

どうだい。きれいでしょ？
ぼくと　けっこんしてよ。

メスは　たまごを　うんで　あたためるしごとが　あります。もし、きれいな　はねを　もって　いたら、てきに　見《み》つかって、おそわれて　しまいます。ですから、メスの　はねは　目《め》立《だ》たない　いろを　して　いる　ことが　おおいのです。

クジャクは
はるから
なつの　あいだに
けっこん
するんだって。

うーん、
どうしようかな。
けっこんあい手《て》の
はねは
きれいな　ほうが
いいわよね。

第《だい》6話《わ》

サボテンまであるぞ？
へんなかたち！
かわったしまだなあ。

クイズ

サボテンには　どうして　とげが　あるの？

ア　とげが　大《おお》きく　なると　はっぱに　なるから。

イ　とげで　からだを　まもるため。

ウ　とげは　たねで、とばして　なかまを　ふやすため。

サボテンは　えだや　はっぱが
ないよね。

じゃあ、とげは　えだや　はっぱの
かわり　なのかな？

いたた！　とげが　ささっちゃった
よ！　とげって　とれるんだ？

さわると　たいへんな　ことに
なるんだね。

ジオ、気《き》を　つけてね！

サボテンって　からだの　ぜんたいに　とげが　あるんだね。
ぼくの　とげは　なんの　ため？
ほんと、ふしぎ　だね。

答《こた》えは次《つぎ》のページ！

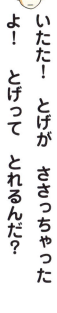

答《こた》え

イ とげで からだを まもるため。

【解説《かいせつ》】

サボテンの とげは、からだを まもる ための ものです。とげの おかげで どうぶつたちに たべられずに すみます。

それだけでは ありません。サボテンは あまり 雨《あめ》が ふらない ばしょで 生《い》きて います。とげは、たいせつな 水《すい》ぶんを からだの 中《なか》から にがさない ための ものでも あるのです。

いったい　どういう　ことでしょうか。むかし、サボテンの　とげは　はっぱだったと　いわれて　います。

木《き》や　草花《くさばな》の　えだや　はっぱには、からだの　中《なか》の　水《すい》ぶんを　そとに　にがす　はたらきが　あります。

サボテンは、水《すい》ぶんを　にがさない　ように　する　ために、はっぱが　どんどん　ほそく　小《ちい》さく　なって、とげに　なったのです。

大《おお》きな　えだや
はっぱが　あると、
そこから　水《すい》ぶんが
にげていくのか。

ふつうの
木《き》は
水《すい》ぶんが
にげる。
水《すい》ぶん
バイバイ！

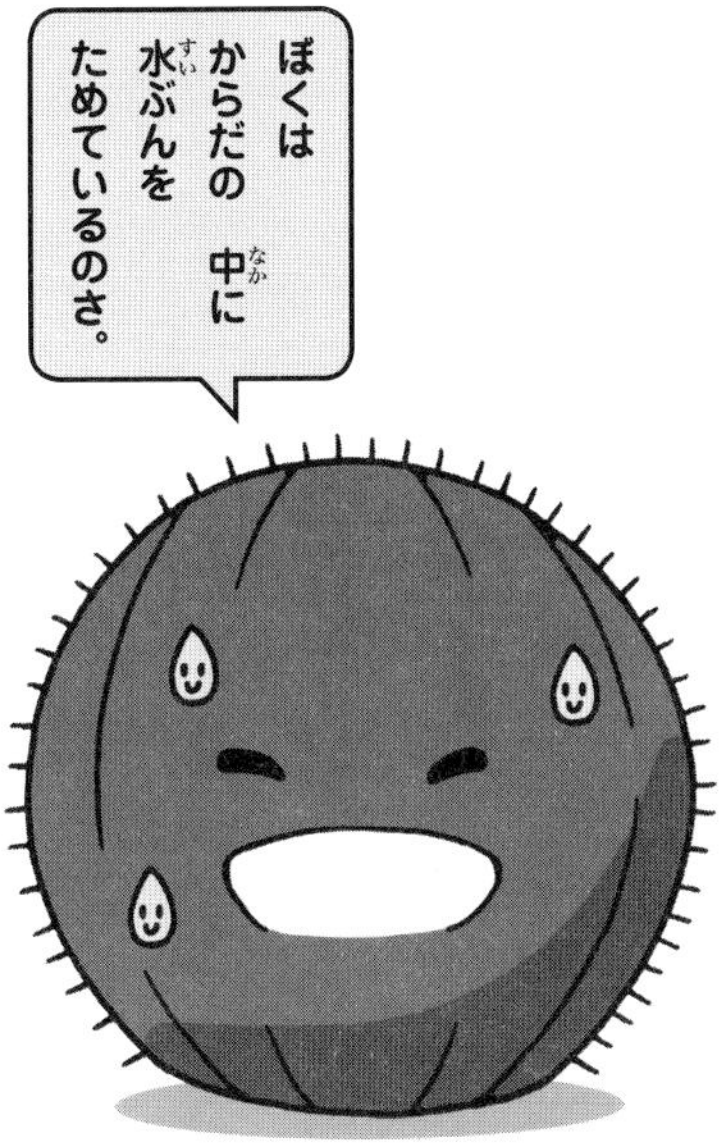
ぼくは
からだの　中《なか》に
水《すい》ぶんを
ためているのさ。

【おうちの方へ】サボテンのとげは、枝だったという説もあります。

第《だい》7話《わ》

ほんとうに なんて しま なんだ！
大《おお》きな ヘビだ！
たべられ ちゃう！

クイズ

ヘビが 口《くち》より 大《おお》きな ものを のみこめるのは なぜ？

ア 口《くち》の おくで えものを とかして いるから。

イ えものを すこしずつ ちぎって たべて いるから。

ウ あごの ほねが 大《おお》きく ひろがるから。

フー。なんとか　にげる　ことが
できたね。ところで　ジオ、リンゴ
を　まるごと　のみこめる？

できるわけ　ないよ。口《くち》の　中《なか》に
入《はい》りきらないもん。

ははは。でも、ヘビだったら、
じぶんの　口《くち》よりも　大《おお》きな　もの
だって　のみこめるのさ。

ええ？　あの　ヘビ、わたしも
のみこめちゃうの？

さすがに　ピピは　むりかな。

ヘビは　えものを
まるごと
のみこむんだね。
のみこん
じゃうよ！
ぼく、きみの
口《くち》より
大《おお》きいよ？
答《こた》えは次《つぎ》のページ！

答《こた》え

ウ あごの ほねが 大《おお》きく ひろがるから。

【解説《かいせつ》】

ヘビが じぶんの 口《くち》より 大《おお》きな ものを のみこめるのは、下《した》あごの ほねが 大《おお》きく ひろがる ように できて いるからです。

わたしたち人《にん》げんは、どんなに がんばっても、ヘビのように 口《くち》を ものすごく 大《おお》きく あける ことは できません。

これは、イヌや ネコの ような どうぶ

あ〜ん。
上《うわ》あごと 下《した》あごの あいだに ほねは ない。
ゴムの ように のびる ぶぶんは ない。

郵 便 は が き

ここに切手《きって》を
貼《は》ってね！

1048011

朝日新聞出版　生活・文化編集部
「サバイバル」「対決」
「タイムワープ」シリーズ　係

☆**愛読者《あいどくしゃ》カード**☆シリーズをもっとおもしろくするために、みんなの感想《かんそう》を送《おく》ってね。
毎月《まいつき》、抽選《ちゅうせん》で10名《めい》のみんなに、サバイバル特製《とくせい》グッズをあげるよ。

☆**ファンクラブ通信《つうしん》への投稿《とうこう》**☆このハガキで、ファンクラブ通信《つうしん》のコーナーにも投稿《とうこう》できるよ！
たくさんのコーナーがあるから、いっぱい応募《おうぼ》してね。

ファンクラブ通信《つうしん》は、公式《こうしき》サイトでも読《よ》めるよ！ サバイバルシリーズ 検索《けんさく》

お名前《なまえ》			ペンネーム	※本名《ほんみょう》でも可《か》	
ご住所《じゅうしょ》	〒				
電話番号《でんわばんごう》			シリーズを何冊《なんさつ》もってる？	冊《さつ》	
メールアドレス					
学年《がくねん》	年《ねん》	年齢《ねんれい》	才《さい》	性別《せいべつ》	
コーナー名《めい》	※ファンクラブ通信《つうしん》への投稿《とうこう》の場合《ばあい》				

※ご提供《ていきょう》いただいた情報《じょうほう》は、個人情報《こじんじょうほう》を含《ふく》まない統計的《とうけいてき》な資料《しりょう》の作成等《さくせいなど》に使用《しよう》いたします。その他《た》の利用《りよう》について詳《くわ》しくは、当社《とうしゃ》ホームページ https://publications.asahi.com/company/privacy/ をご覧下《らんくだ》さい。

☆本《ほん》の感想《かんそう》、ファンクラブ通信《つうしん》への投稿《とうこう》など、好《す》きなことを書《か》いてね！

ご感想《かんそう》を広告《こうこく》、書籍《しょせき》のPRに使用《しよう》させていただいてもよろしいでしょうか？

1．実名《じつめい》で可《か》　　2．匿名《とくめい》で可《か》　　3．不可《ふか》

つも　おなじです。ヘビと　わたしたちは
なにが　ちがうのでしょうか？

ヘビは、人《にん》げんや　イヌと　ちがって、上《うわ》あごと　下《した》あごの　ほねの　あいだにも　ほねが　あります。また、下《した》あごには、ゴムの　ように　のびる　ぶぶんが　あります。それで、じぶんの　口《くち》よりも　大《おお》きな　えものでも、のみこむ　ことが　できるのです。

ワニを　のみこんだ　ヘビが　いるん　だって！

上《うわ》あごと　下《した》あごの　あいだに　ほねが　ある。
しゃー
あごの　ほねが　一《ひと》つじゃ　ないから　大《おお》きく　ひらくのさ！
うわっ！　にげなきゃ。
ゴムの　ように　のびる　ぶぶんが　ある。

第《だい》8話《わ》

なんとかにげきれた。
あ、クジラ。
すごい！しおをふき出《だ》している！

クイズ

クジラは どうして しおを ふき出《だ》すの？

ア こきゅうを するため。

イ のんだ 水《みず》を はき出《だ》すため。

ウ おならを するため。

ピピ、クジラって　うみで　くらして　いるのに、さかなの　なかまじゃ　ないんだよ。

え？　じゃあ、なんの　なかまなの？

イヌや　ウシと　おなじ　どうぶつの　なかまだよ。イルカや　アシカ、アザラシなども、うみで　くらす　どうぶつの　なかまさ。

へえ！　うみの　どうぶつって　たくさん　いるんだね。

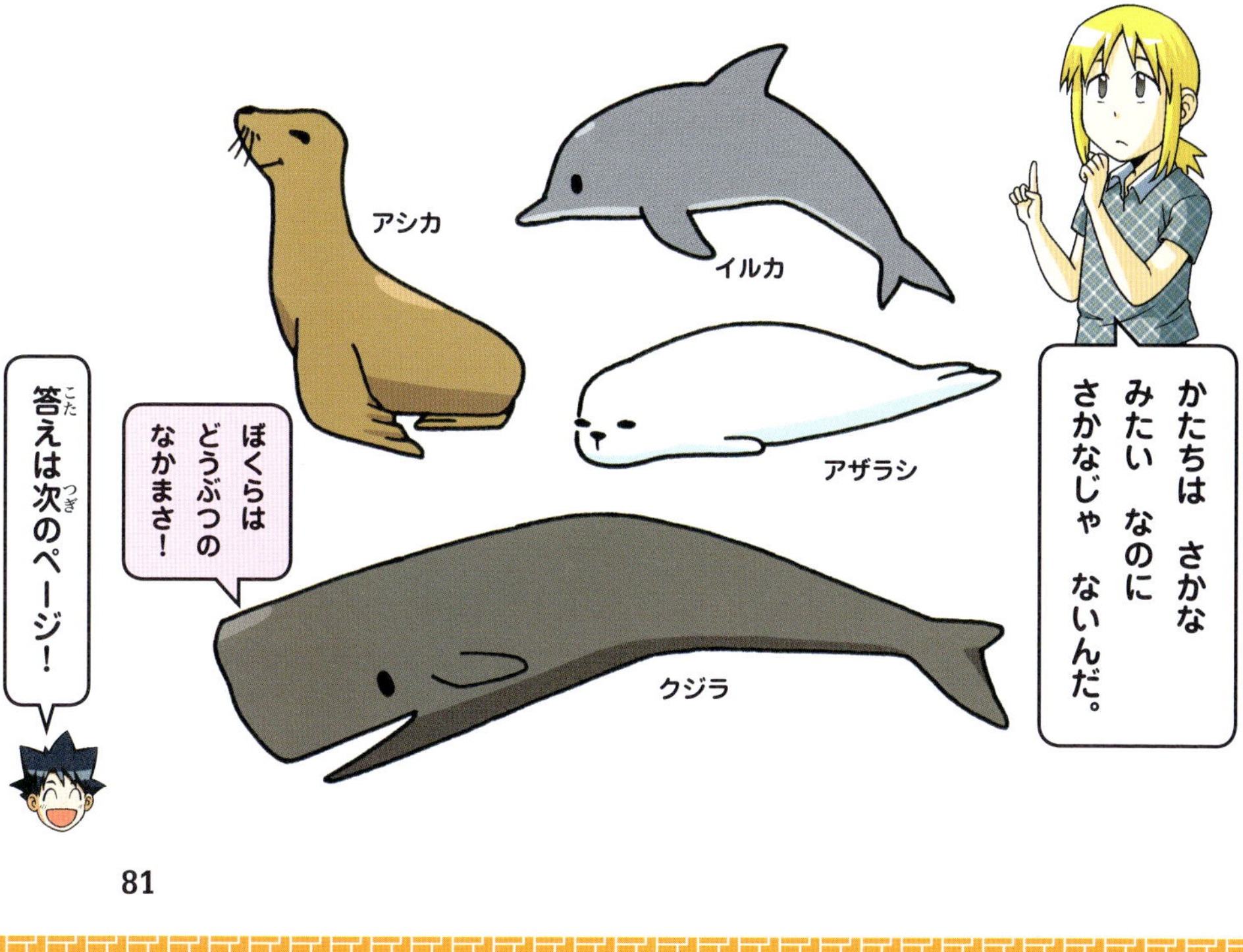
かたちは　さかな
みたい　なのに
さかなじゃ　ないんだ。
アシカ
イルカ
アザラシ
クジラ
ぼくらは
どうぶつの
なかまさ！
答《こた》えは次《つぎ》のページ！

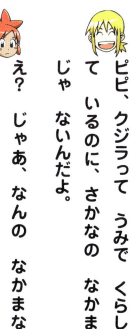

答《こた》え

ア こきゅうを　するため。

【解説《かいせつ》】

クジラが　しおを　ふき出《だ》すのは　こきゅうを　するためです。しおを　ふき出《だ》して　いる　ところが、じつは、クジラのはななのです。

クジラは　さかなのような　すがたをして　いますが、さかなの　ように、水《みず》の中《なか》で　こきゅうを　する　ことが　できません。ですから、ときどき、うみの　上《うえ》にあたまを　出《だ》して、こきゅうを　しなけれ

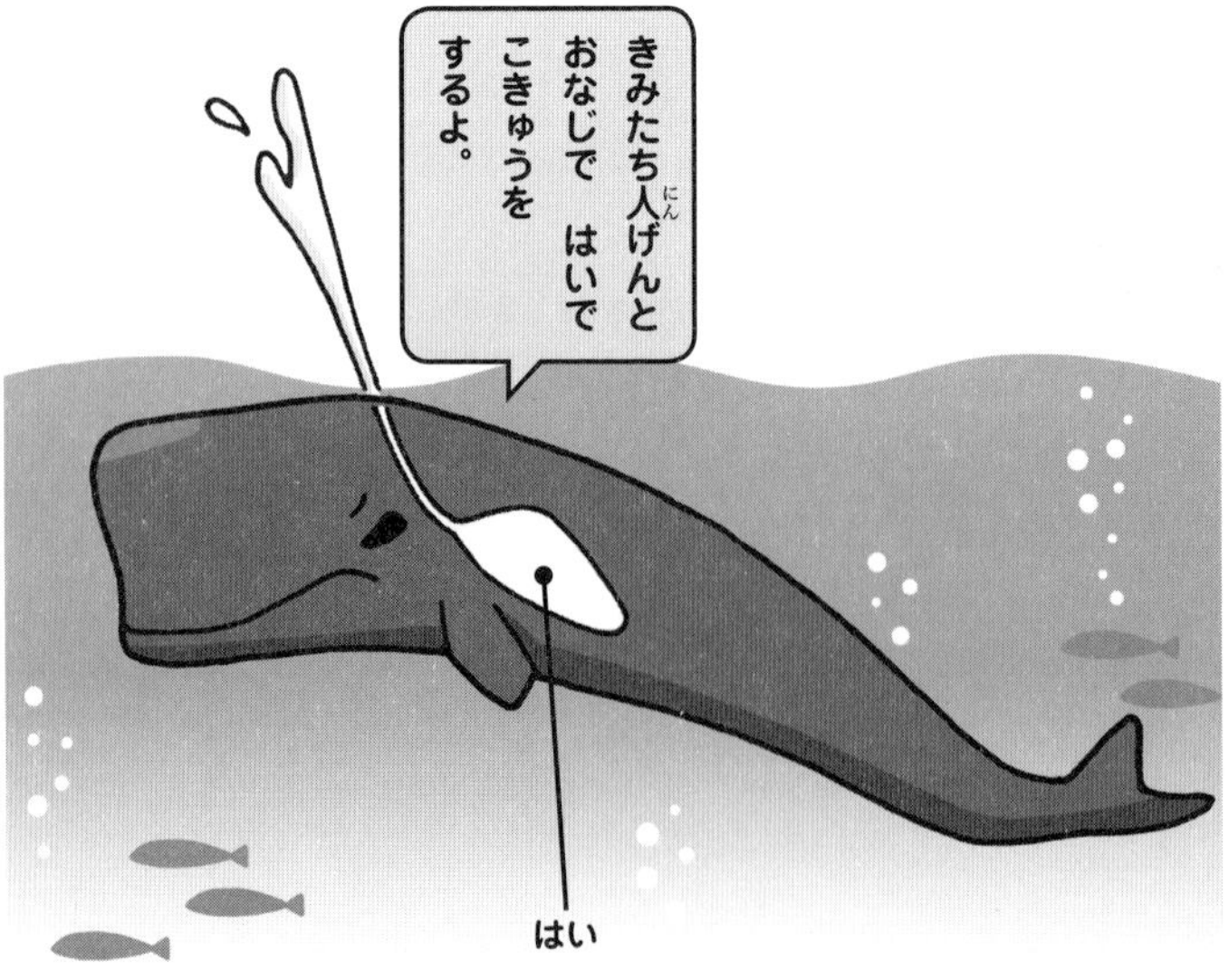

きみたち人《にん》げんと
おなじで　はいで
こきゅうを
するよ。
はい

ばなりません。

クジラの　はなの　あなは、人《にん》げんや
イヌなどと　ちがって、あたまの　上《うえ》に
あります。クジラの　しおふきは、あたま
の　上《うえ》にある　はなの　あなで、クジラが
こきゅうを　するときに、その　まわりの
水《みず》も　いっしょに　ふき上《あ》げることで　お
こります。

クジラの　しゅるいに　よって　しおの
ふきかたは　ちがいます。

マッコウクジラは 3000メートルも もぐる ことが できるんだって。

ぼくは ま上《うえ》に ふき出《だ》すよ。
ナガスクジラ
ぼくは ななめまえに ふき出《だ》すよ。
マッコウクジラ

第《だい》9話《わ》

クイズ

タツノオトシゴは なんの なかま？

ア リュウの なかま

イ ヘビの なかま

ウ さかなの なかま

タツノオトシゴって　へんな　すがたを　して　いるよね。さかなの　なかま　なのかな？

うみで　くらして　いても、さかな　じゃない　ことも　あるもんね。クジラだって　さかなじゃ　なかったもん。わたしは　リュウの　なかまだと　おもうな。

むかしは　虫《むし》の　なかまだと　おもわれて　いた　みたいだよ。

そうなの？

ふしぎな すがたを しているね。
わたしは だれの なかま なんだろう？

答《こた》えは次《つぎ》のページ！

答《こた》え

ウ　さかなの　なかま

【解説《かいせつ》】

タツノオトシゴは、さかなの　なかまです。

かたちだけを　見《み》ると、ヘビや　リュウの　なかまの　ように　おもえますね。でも、水《すい》ぞくかんなどに　いったら、タツノオトシゴには、よく見《み》て　みましょう。タツノオトシゴには、えらや　せびれ、むなびれなどが　ついています。これらが　あると　いう　ことは、

メス
げん気《き》な赤《あか》ちゃんをうむよ。
たまごはまかせたわ！
オス

さかなの　なかまで　ある　ことを　あらわしています。
　ところで、タツノオトシゴは　オスが赤《あか》ちゃんを　うむって　しって　いましたか。
　メスは　とがった　はりの　ような　もので、オスの　おなかに　たまごを　うみつけます。そして、オスは　じぶんの　おなかの　中《なか》で、赤《あか》ちゃんが　かえるまで、たまごを　そだてるのです。

あたたかい
ちいきの　うみの、
りくから　ちかい
ばしょで
くらして　いるよ。

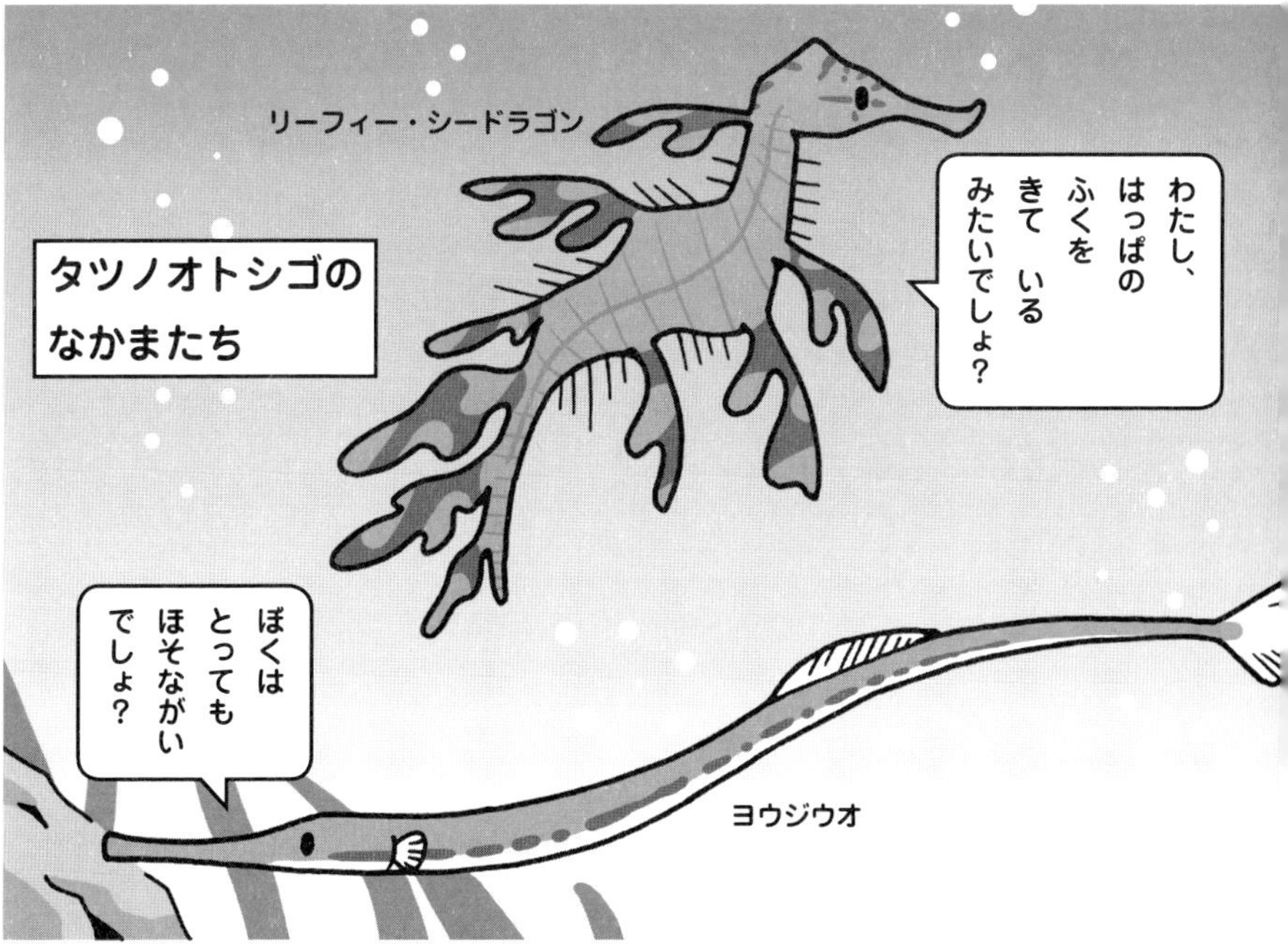
タツノオトシゴの
なかまたち
リーフィー・シードラゴン
わたし、
はっぱの
ふくを
きて　いる
みたいでしょ？
ぼくは
とっても
ほそながい
でしょ？
ヨウジウオ

第《だい》10話《わ》

しんかんせんだ！
これで　かえろう！
しんかんせん
って
すごく
はやいんだよね。
しんかんせんまで
ある　なんて
ほんとうに
なんて　しまだ！

クイズ

ちきゅう上《じょう》で　一《いち》ばん　はやい　スピードが　出《だ》せる　生《い》きものは？

ア　りくの　上《うえ》を　はやく　はしる　チーター。

イ　空《そら》を　はやく　とぶ　ハリオアマツバメ。

ウ　うみの　中《なか》を　はやく　およぐ　バショウカジキ。

一《いち》ばん　はやいのは、チーターに
きまって　いるさ！

え？　どの　くらい　はやいの？

チーターは　じそく113キロメートル。50メートルそうなら、1.6びょうで　はしる　ことが　できる　はやさだ。

うーん。それなら　わたしは、空《そら》を　とぶ　とりの　ほうが　はやいと　おもうな。

小学校《しょうがっこう》1年生《ねんせい》は、50メートルを　だいたい12びょうくらいで　走《はし》るよ。
スピード王《おう》はわたしかな？
答《こた》えは次《つぎ》のページ！

答《こた》え

イ 空《そら》を はやく とぶ ハリオアマツバメ。

【解説《かいせつ》】

ちきゅう上《じょう》で 一《いち》ばん はやい スピードが 出《だ》せる 生《い》きものは、ハリオアマツバメです。じそく170キロメートルぐらいで 空《そら》を とぶ ことが できます。50メートルだと、1びょうぐらいしか かかりません。

りくの 上《うえ》では チーターが 一《いち》ばん はやいです。2ばん目《め》は プロングホーン

スピードじまん
くらべ

バショウカジキ
じそく109キロメートル

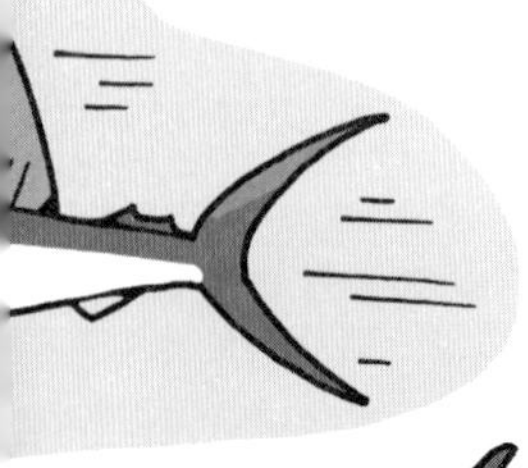

プロングホーン
じそく97キロメートル
ながい
きょりを
はしるのなら
とくいさ!

という　シカに　にた　どうぶつで、じそく97キロメートルぐらいで　走《はし》ります。

水《みず》の中《なか》で　一《いち》ばん　はやく　およげるのは　バショウカジキで、じそく109キロメートルほど。チーターよりは　すこし　おそいですが、やはり　とても　はやいです。

空《そら》を　とぶ
ハリオアマツバメが
一《いち》ばん　はやいん
だね！

ハリオアマツバメ
じそく170キロメートル

やった！
ぼくが
一《いち》ばん。

水《みず》の
中《なか》では
ぼくが
一《いち》ばん。

チーター
じそく113キロメートル

スピードは
出《で》るけれど
ながい　きょりは
にがてなの。

これ　しってる?

生《い》きものの　おもしろい　おはなし

パンダは　はしるのが　はやい?

どうぶつえんで　見《み》る　パンダって、いつも　ごろごろ　していて、からだも　ころころ　しているから、足《あし》が　はやそうには　見《み》えないね。
でも、本気《ほんき》を　出《だ》すと、じつは　と

ところで、パンダの しっぽって なにいろか わかる? 正《せい》かいは、白《しろ》!

っても　はやいって　しってた？　じそく30キロメートルは　出《で》るらしいよ。小学《しょうがく》6年生《ねんせい》でも、とてもかなわない　はやさなんだ。
ただし、たい力《りょく》が　あまり　ないから、ながい　きょりを　はやく　はしる　ことは　できないんだって。

しぜんのサバイバル

ノウはかせが　つくった、しぜんワンダーランドに
やって　きた　ジオたち。

ここでは、いろいろな　しぜんが
たいけん　できるよ！

第《だい》1話《わ》

お日《ひ》さままできょうそうだ！

クイズ

お日《ひ》さまは　どこに　あるの？

ア　くもの　そばに　ある。

イ　月《つき》の　そばに　ある。

ウ　くもや　月《つき》よりも　ずっと　とおくに　ある。

ハア、ハア。どれだけ　はしっても、お日《ひ》さまに　ぜんぜん　ちかづかないよ～。

ハア、ハア。ほんとうだね。あっ！しずんじゃった！

ざんねん！　おいつけなかった！

お日《ひ》さまは　ずいぶん　とおくにある　ことは、まちがい　ないね。

お日《ひ》さまは、あさ　出《で》て、
おひるは　空《そら》に　あって、
夕《ゆう》がたに　しずむよね。
おひる
あさ
夕《ゆう》がた

答《こた》えは次《つぎ》のページ！

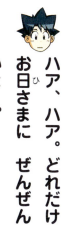

答《こた》え

ウ くもや　月《つき》よりも　ずっと　とおくに　ある。

【解説《かいせつ》】

お日《ひ》さまは、くもや　月《つき》と　おなじように、空《そら》に　あるように　見《み》えますね。でも、ほんとうは、くもよりも　ずっと　ずっと　とおい、うちゅうに　あります。月《つき》も　うちゅうに　ありますが、お日《ひ》さまの　ほうが　月《つき》よりも　もっと　とおくに　ありま

す。
　ちじょうから　見《み》ると、お日《ひ》さまと　月《つき》は、おなじくらいの　大《おお》きさに　見《み》えます。でも、ほんとうは、お日《ひ》さまは　月《つき》よりもずっと　大《おお》きいのです。
　お日《ひ》さまが　サッカーボール、月《つき》が　10円玉《えんだま》だと　しましょう。サッカーボールは10円玉《えんだま》より　ずっと　大《おお》きいですが、とおくに　ある　サッカーボールは、ちかくにある　10円玉《えんだま》と　おなじくらいの　大《おお》きさに　見《み》えますね。お日《ひ》さまと　月《つき》の　見《み》えかたも、これと　おなじことが　いえます。

とおくに　ある
サッカーボールと
おなじ　大《おお》きさに
見《み》えるよ！
10

第《だい》2話《わ》

わあ、よるに　なったぞ。
ほしが　きれい。

クイズ

よぞらの　ほしは　どんな　かたち？

ア　先が　とがった　ギザギザの　かたち。

イ　だいたい　まるい　かたち。

ウ　さいころの　ような　しかくい　かたち。

えほんに　出《で》てくる　ほしは、どん
な　かたちかな？

五《いつ》つの　とげに　かこまれた　かた
ちで　かかれて　いる　ことが
おおいよね。

でも、まるだったり、小《ちい》さな　てん
てんで　かかれる　ことも　あるよ。

さいころの　ような　かたちは　見《み》
たこと　ないなあ。でも、それが
ほんとうの　かたちだったりして？

ほんとうは　どんな　かたちを　して　いるんだろう？
答《こた》えは次《つぎ》のページ！

答《こた》え

イ　だいたい　まるい　かたち。

かんぜんな まるでは ないんだね。

【解説《かいせつ》】

よる、空《そら》を　見上《みあ》げると、ほしは　とても　小《ちい》さい　てんに　見《み》えますね。でも、じつは　ほしは　だいたい　まるい　かたちを　しています。

ちきゅうや　月《つき》も　ほしの　なかまです。山《やま》や　たにが　あって、でこぼこが　ありますが、だいたい　まるい　かたちです。

わたしたちは 山《やま》や たにで、すこし でこぼこ して いるよ！
月《つき》
わたしたちの すむ ちきゅう

えほんなどでは、ほしは　まわりに　とげの　ような　ものが　ついて　かかれて　いる　ことが　あります。でも、じっさいは、ほしに　とげの　ような　ものが　ついて　いる　わけでは　ありません。

　とげの　ような　ものが　あるように　見《み》える　ほしは、お日《ひ》さまの　ように、じぶんで　ひかりを　出《だ》しています。とおくから　見《み》ると、出《で》て　いる　ひかりが　とげの　ように　なって　見《み》えるのです。

月《つき》は、じぶんで　ひかりを
出《だ》さずに、お日《ひ》さまの　ひかりを
うけて　ひかるんだ。
わたしみたいに
ひかりを　出《だ》す
ほしは、
ほのおの　ような
ものが　まわりに
出《で》て　いるよ！
お日《ひ》さま

第《だい》3話《わ》

クイズ

かげは　どうして　できるの？

ア　ひかりが　じめんに　とどかなく　なるから。

イ　くろい　ひかりが　じめんに　とどくから。

ウ　じめんから　くろい　ひかりが　出《で》て　くるから。

うーん。ピピは　すばしっこいから、
かげを　なかなか　ふめないよ。

へへーん。

あれ？　でも、ひるまよりも　ピピ
の　かげが　ながく　なったぞ。
これなら　ふめそうだ！

わあ。ふまれた！

かげは、ひるまよりも　夕《ゆう》がたのほ
うが　ながく　なるんだよ。

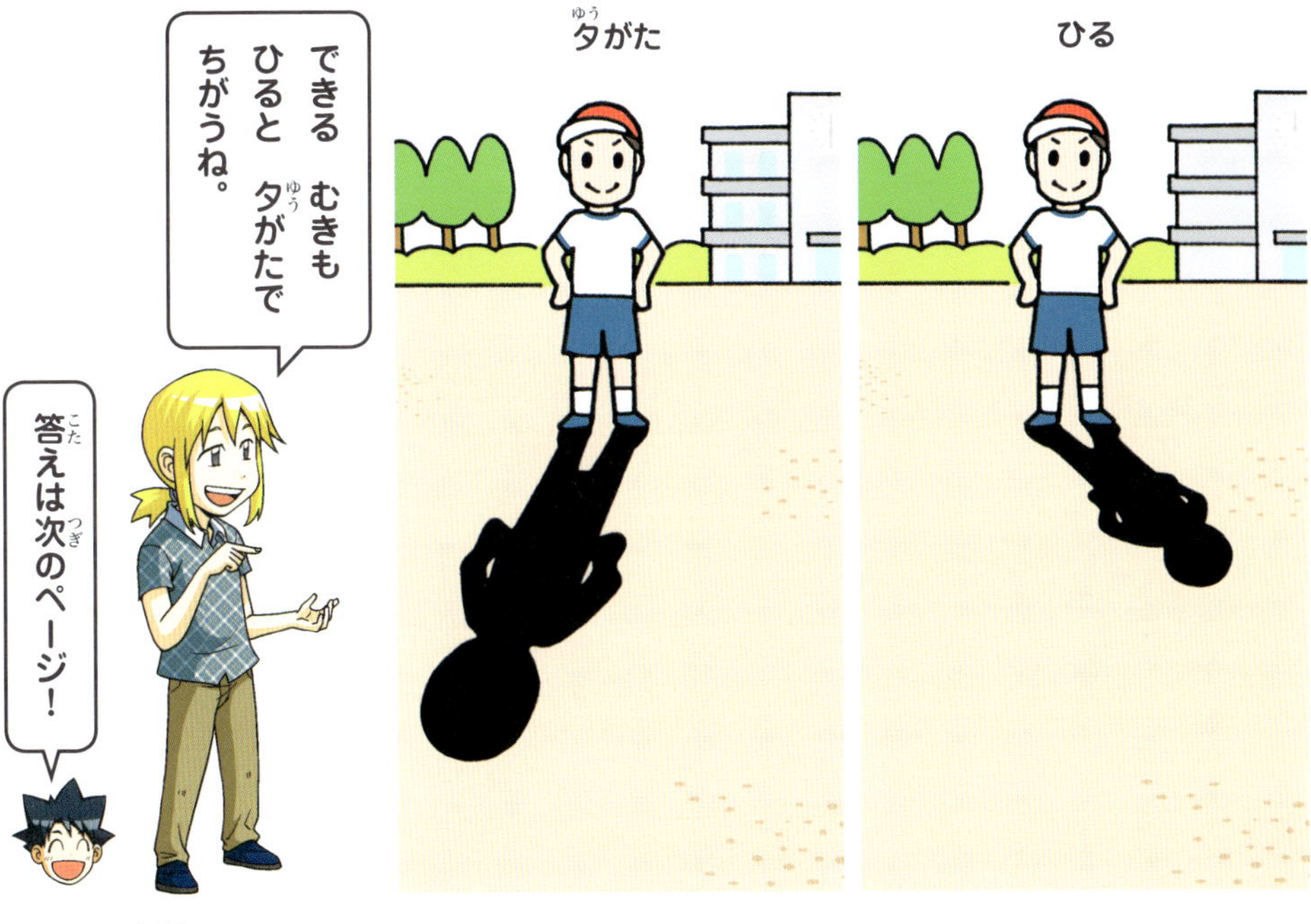
ひる
夕《ゆう》がた
できる　むきも　ひると　夕《ゆう》がたで　ちがうね。
答《こた》えは次《つぎ》のページ！

答《こた》え

ア ひかりが　じめんに　とどかなく　なるから。

【解説《かいせつ》】

かげが　できるのは、お日《ひ》さまの　ひかりが　ものに　さえぎられて　じめんに　とどかなく　なるからです。お日《ひ》さまの　ひかりは、まっすぐに　すすんで　じめんに　とどきます。人《ひと》や　たてものや　木《き》などが　ひかりが　すすむのを　じゃますると、かげが　できるのです。

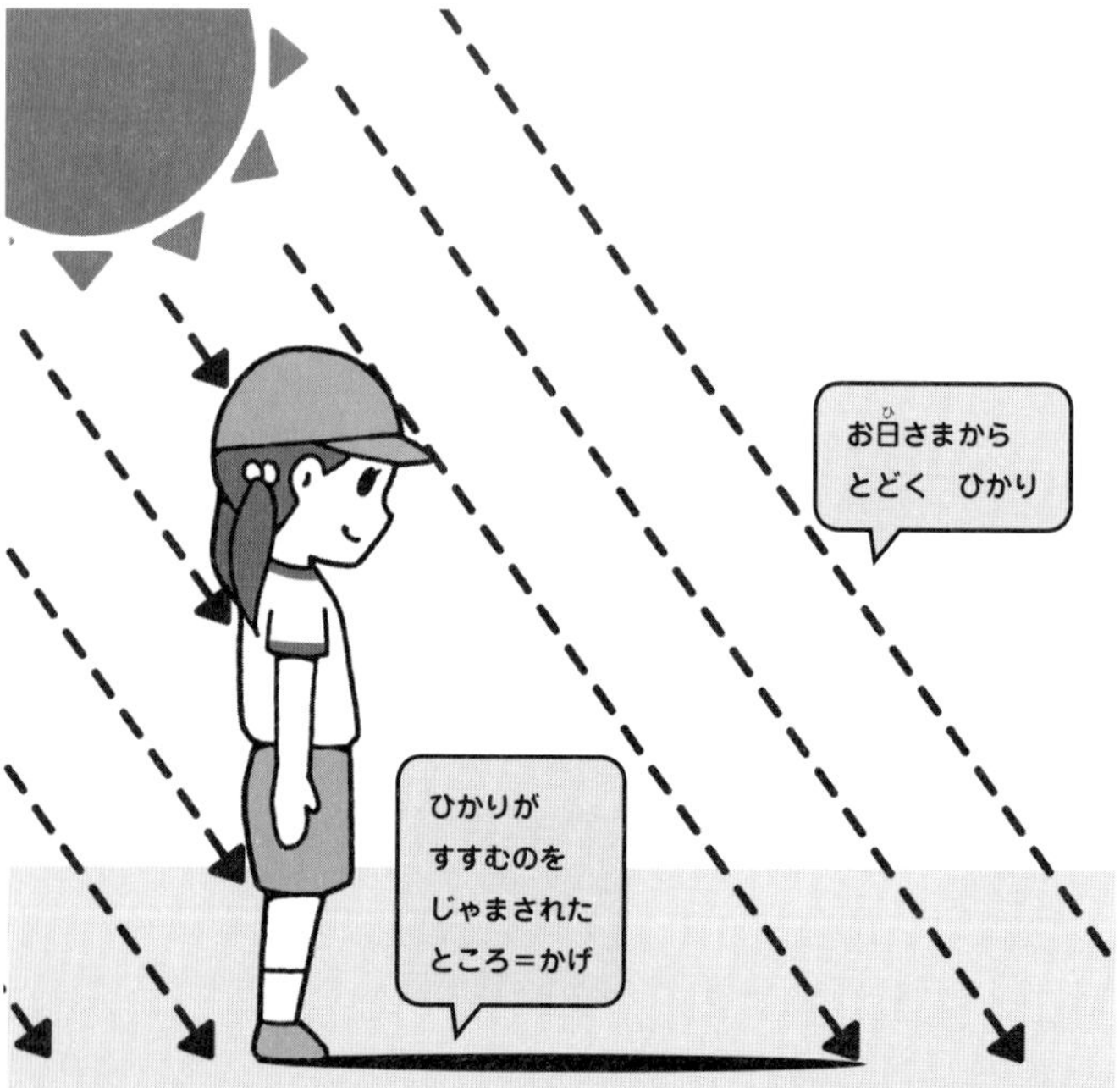

お日《ひ》さまは、あさ　ひるま　夕《ゆう》がたと、ばしょや　たかさを　かえて　うごいて　います。それに　つれて、かげが　できる　むきや　ながさも　かわります。

お日《ひ》さまの　ひかりだけで　なく、へやの　中《なか》の　でん気《き》の　ひかりや、ろうそくの　火《ひ》の　ひかりでも、じゃまを　する　ものが　とちゅうに　あれば、かげが　できます。

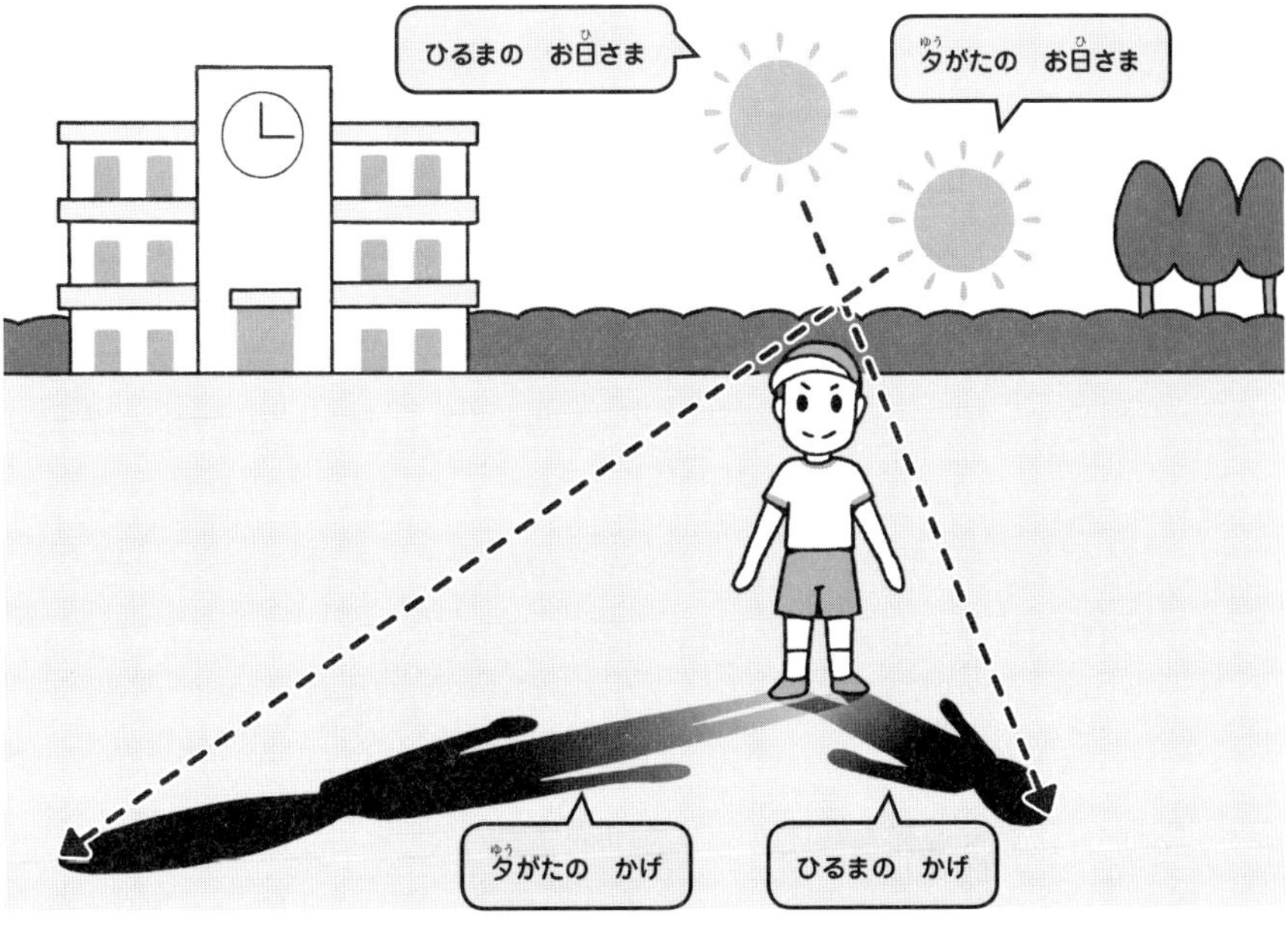

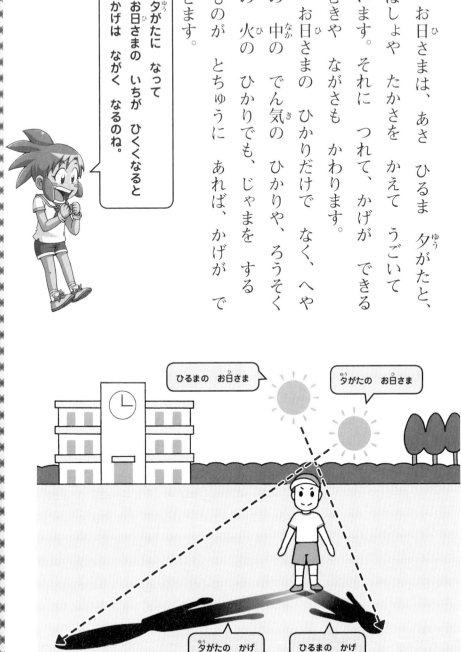

第《だい》4話《わ》

うーん。あつい〜。
日《ひ》かげに入《はい》れば　そんなにあつくないぞ。

クイズ

日《ひ》かげが日《ひ》なたよりすずしいのは　なぜ？

ア　お日《ひ》さまからの　ねつがさえぎられて　いるから。

イ　かぜが　とても　つよくふいて　いるから。

ウ　雨《あめ》や　ゆきが　ふりやすくなるから。

あっ！　トカゲが　日《ひ》なたから
日《ひ》かげに　うごいたぞ。

こっちの　トカゲは、日《ひ》かげから
日《ひ》なたに　うごいたわ。

トカゲは、さむく　なったら　日《ひ》なたで　からだを　あたため、あつく
なったら　日《ひ》かげで　すずんで
いるんだよ。

へえ。日《ひ》かげが　すずしい　ことを
しって　いるんだね。

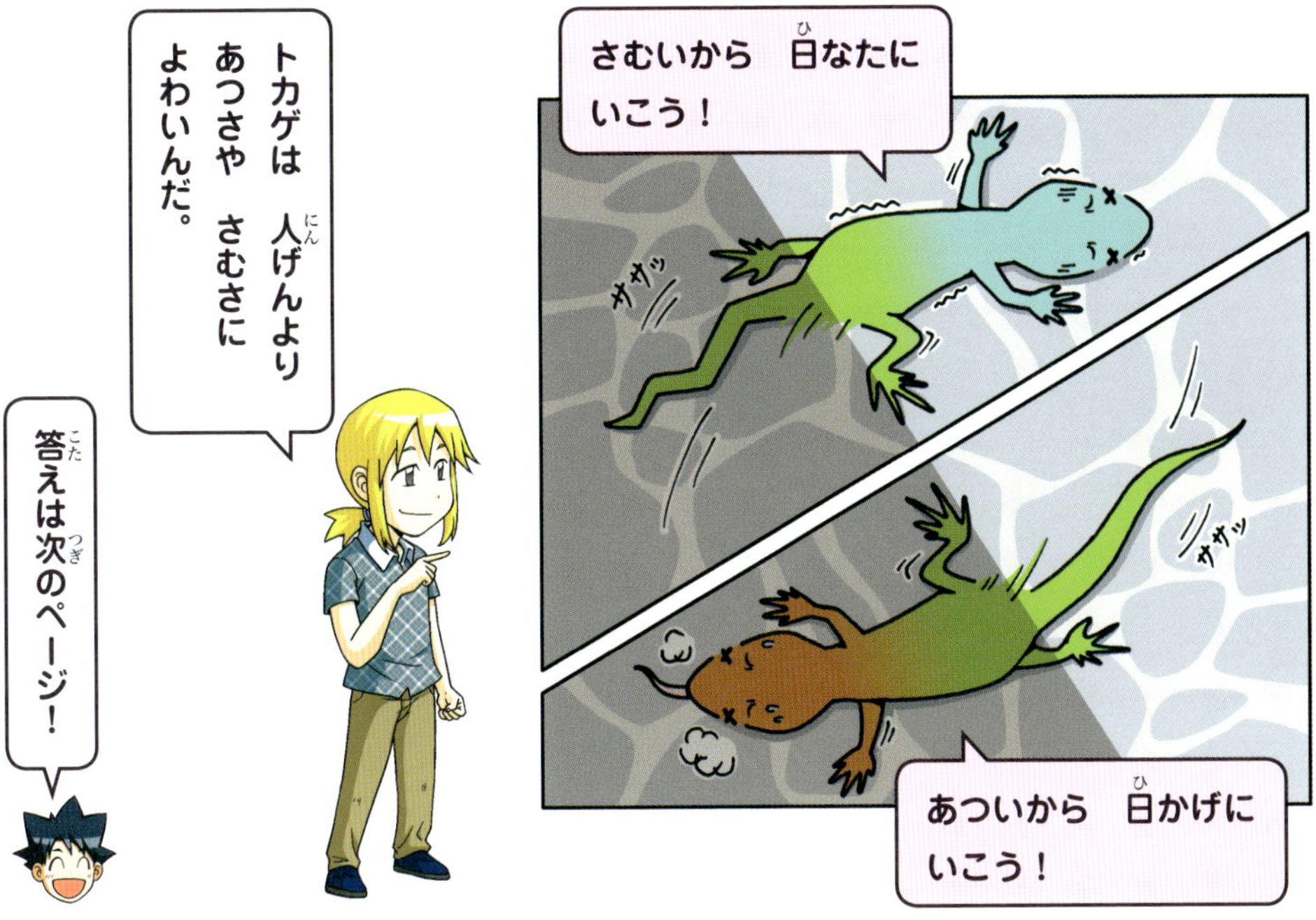

さむいから　日《ひ》なたに
いこう！
あついから　日《ひ》かげに
いこう！
トカゲは　人《にん》げんより
あつさや　さむさに
よわいんだ。
答《こた》えは次《つぎ》のページ！

答《こた》え

ア　お日《ひ》さまからの　ねつが　さえぎられて　いるから。

【解説《かいせつ》】

お日《ひ》さまは　あかるい　ひかりと　いっしょに、ねつも　ちきゅうに　とどけて　くれます。

日《ひ》かげでは、ひかりだけで　なく、ねつも　さえぎられます。だから、日《ひ》かげに　いると、日《ひ》なたに　いる　ときよりも　すずしく　かんじるのです。

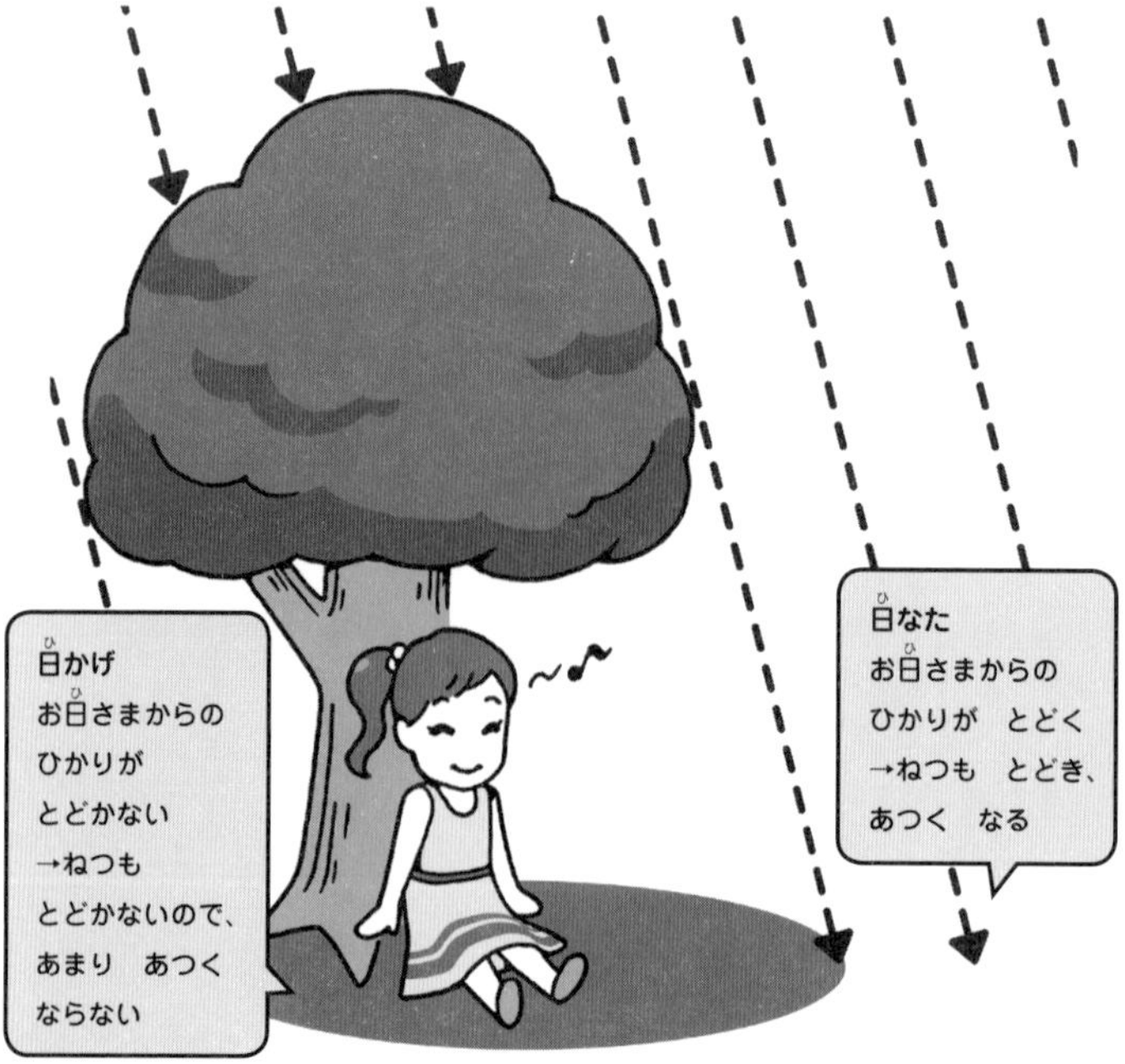
日《ひ》かげ
お日《ひ》さまからの
ひかりが
とどかない
→ねつも
とどかないので、
あまり　あつく
ならない
日《ひ》なた
お日《ひ》さまからの
ひかりが　とどく
→ねつも　とどき、
あつく　なる

なつは、お日《ひ》さまからの　ひかりや　ねつが　とても　つよく　なります。あまりに　つよいので、日《ひ》なたでは　じめんが　どんどん　あつく　なって、目玉《めだま》やきが　やけるほどです。

　ぼうしを　かぶるのは、あたまや　かおに　日《ひ》かげを　つくるような　ものです。目玉《めだま》やきが　できるような　つよい　ひかりや　ねつを　あたまや　かおに　あびると、びょう気《き》に　なります。だから、なつには　ぼうしを　かぶりましょう。

第《だい》5話《わ》

さばく　みたい。
うわ。目《め》に　すなが　入《はい》った！
目《め》を　こすっちゃ　だめだぞ。

クイズ

すなの　つぶは　どんな　いろ？

ア　ぜんぶ　ちゃいろか　はいいろ。

イ　ぜんぶ　白《しろ》か　くろ。

ウ　いろいろな　いろが　まじって　いる。

すなは　どこに　あるかな？
すなば！
すなはま！　あと、さばく！
いろいろな　ばしょに　あるね。
じゃあ、そこの　すなの　つぶは
どんな　いろだった？
白《しろ》かった　ような……。ちゃいろ
だった　ような……。

すなば
さばく
すなはま
とおくから　見《み》ると
ちゃいろや
はいいろだね。
答《こた》えは次《つぎ》のページ！

答《こた》え

ウ　いろいろな　いろが　まじって　いる。

【解説《かいせつ》】

すなばは　はいいろに　見《み》えますね。でも、虫《むし》めがねで　見《み》ると、すなの　つぶの　いろは　いろいろです。

べつべつの　いろの　えのぐを　いくつか　まぜると、だんだん　ひとつの　いろに　なって　いきますね。それと　おなじような　かんじで、すなばは　いろいろな　いろの　すなが　まじって、とおくからは、

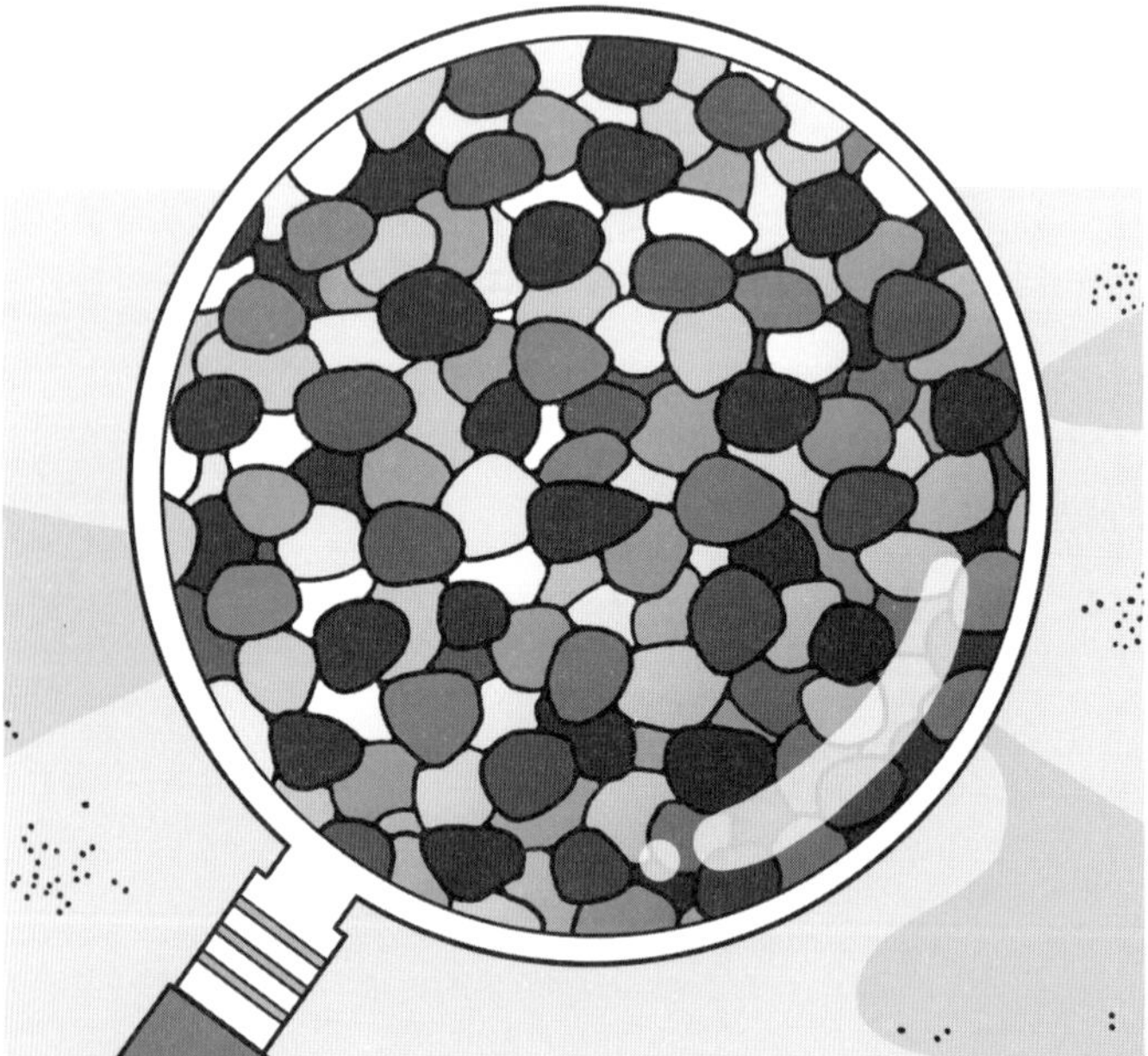

はいいろに　見《み》えるのです。
　どんな　いろの　すなが　どれくらい　まじって　いるかは、ばしょに　よって　ちがいます。
　たとえば、くろい　すなが　おおく　まじって　いる　すなはまは、くろっぽく　見《み》えます。白《しろ》い　すなが　おおく　まじって　いる　すなはまは、白《しろ》っぽく　見《み》えます。

だから、すなはまの
いろは、ばしょに
よって　ちがうのね！

第《だい》6話《わ》

わぁ、雨《あめ》だ。
けっこう大《おお》きな雨《あま》つぶだな。

クイズ

雨《あま》つぶは　どんな　かたち？

ア　なみだの　ような　かたち。

イ　まんじゅうの　ような　かたち。

ウ　はり金《がね》の　ような　かたち。

雨《あめ》は　どこから　おちて　くるんだろう？

うちゅうから　じゃないかな！

うちゅう人《じん》も　いっしょに　おちてきたり　して！

いやいや。雨《あめ》は、くもから　ふってくるんだ。

なんだ、つまんないの。

たしかに、雨《あめ》が
ふるとき、
空《そら》には
くもが　あるよね。
答《こた》えは次《つぎ》のページ！

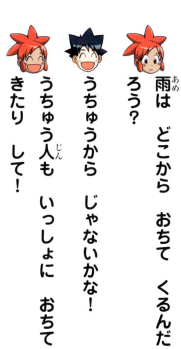

答《こた》え

イ　まんじゅうの　ような　かたち。

【解説《かいせつ》】

雨《あま》つぶは、できたての　ときは、ボールの　ような　まるい　かたちです。

でも、くもから　おちてくる　ときに、空気《くうき》の　力《ちから》を　うけるので、下《した》の　ほうが　おしつぶされて　ひらたくなり、まんじゅうの　ような　かたちに　なるのです。

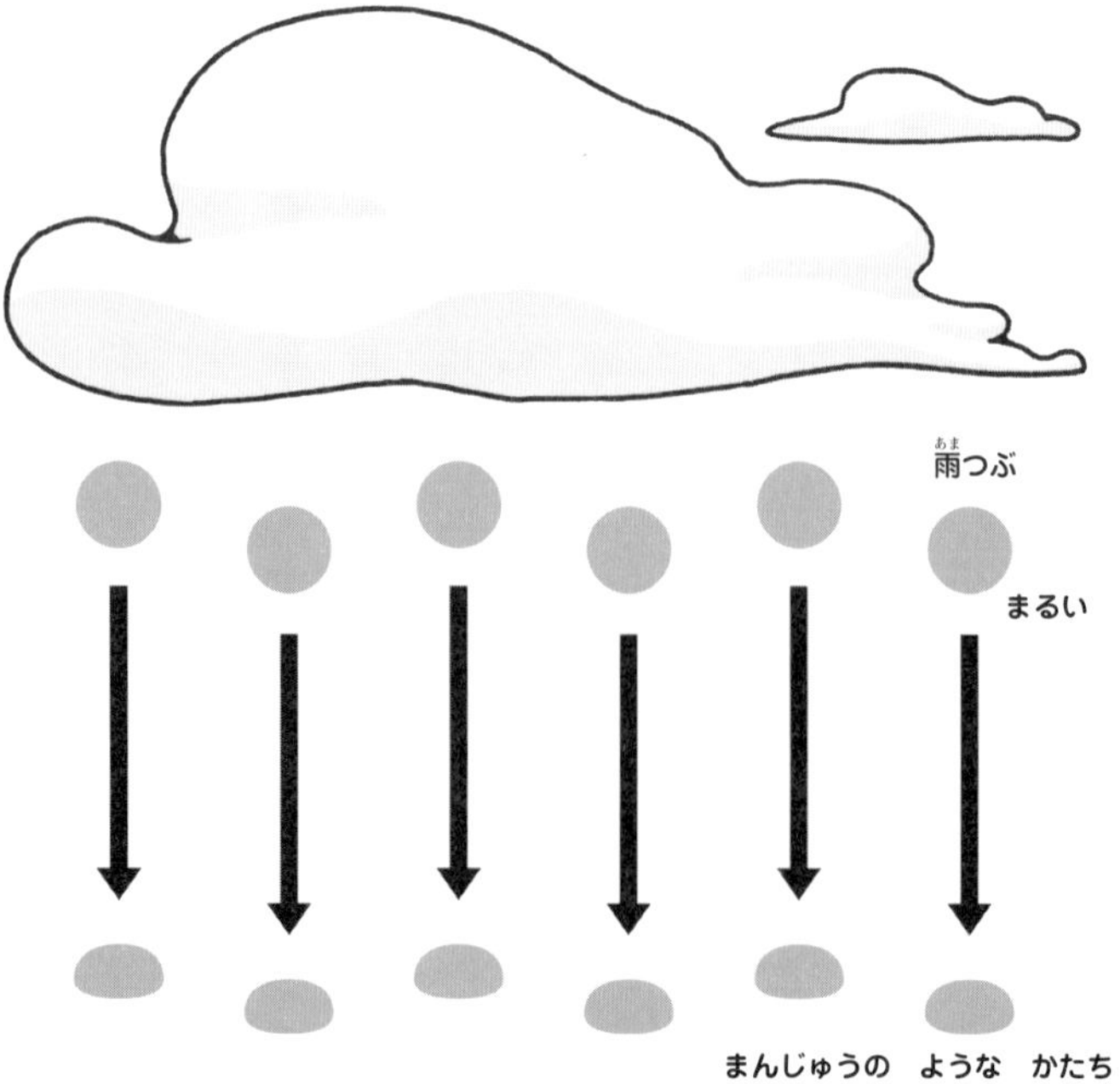

みなさんは、雨《あめ》の　日《ひ》は　すきですか？　そとで　あそべないから　きらいと　いう人《ひと》も　いるかも　しれませんね。

でも、もし　雨《あめ》が　ふらなかったら、草《くさ》木《き》は　そだちません。川《かわ》の　水《みず》も　ひあがって　しまいます。そうしたら、人《にん》げんも　どうぶつも、生《い》きていけません。雨《あめ》は、いのちの　もとに　なる　水《みず》を　はこんでくれる、たいせつな　ものなのです。

雨《あめ》って　そんなに　たいせつな　もの　だったんだね！

第《だい》7話《わ》

わぁ。雨《あめ》が　はげしく　なって　きた！
これは　みぞれだ。はやく　やねの　下《した》に　いこう。

クイズ

みぞれって　なに？

ア　大《おお》きな　こおりの　かたまり。

イ　小《ちい》さな　こおりの　かたまり。

ウ　雨《あめ》と　ゆきが　まざった　もの。

みぞれ？　なにそれ？

なんか　おいしそうな　名《な》まえだね！

「みぞれ」は　天気《てんき》を　あらわすことばだよ。

そうなの？　「はれ」「くもり」「雨《あめ》」「ゆき」は　しってるけど、「みぞれ」は　きいたこと　ないなあ。

はれ
くもり
雨《あめ》
ゆき

この　四《よっ》つなら　よく　きくけど……。
答《こた》えは次《つぎ》のページ！

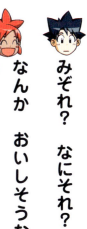

答《こた》え

ウ　雨《あめ》と　ゆきが　まざった　もの。

【解説《かいせつ》】

天気《てんき》には、ふだん　よく　きく、はれ　くもり　雨《あめ》　ゆきの　ほかに、さまざまな　ことばが　あります。

みぞれも、天気《てんき》を　あらわす　ことばの　ひとつで、雨《あめ》と　ゆきが　まざって　ふっている　ようすを　あらわします。

ゆきは、くもの　なかの　水《みず》が　けっしょうと　いう　きれいな　かたちに　なり　それが　かたまって　ふってくる　ものです。

けっしょうの　かたちに　ならず、かたい　こおりの　かたまりに　なって　ふってくる　ものは、あられや　ひょうと　いいます。大《おお》きい　かたまりだと　ひょうで、小《ちい》さい　かたまりだと　あられです。

あられや　ひょうは　かたいから、あたって、ケガを　することも　あるんだ。

大《おお》きな　こおりの　かたまり
ひょう
小《ちい》さな　こおりの　かたまり
あられ

第《だい》8話《わ》

こんどはかみなりだぞ。
キャア!
あそこに小《こ》やがある!

クイズ

かみなりのしょうたいはなに?

ア どうぶつ

イ かみさま

ウ でん気《き》

かみなりさまなら、このまえ　えほんで　よんだよ。

へえ、どんなの　だった？

とらの　かわで　できた　ふくを　きて　いる　かみさまだったよ。たいこを　ならして、「おへそを　とるぞ」って　子《こ》どもを　おどかすの。

かみなりって、おっかない　かみさまなのか？

いやいや。それは　えほんの　中《なか》の　おはなしだよ。

えほんの
かみなりさまは
こんな　かんじ！
答《こた》えは次《つぎ》のページ！

答《こた》え

ウ でん気《き》

【解説《かいせつ》】

かみなりの　しょうたいは、くもと　じめんの　あいだに　ある　空気《くうき》を　ながれる　でん気《き》（**せいでん気《き》**）です。

ふつうは、空気《くうき》に　でん気《き》は　ながれません。でも、かみなりの　でん気《き》は　とても　つよいので、空気《くうき》の　中《なか》を　むりやり　ながれます。このとき、空気《くうき》が　あつくなり　ふるえて　ゴロゴロと　いう　音《おと》を

立《た》てるのです。

かみなりの　でん気《き》は　とても　つよいので、人《ひと》に　あたると　きけんです。

かみなりは、木《き》や　たてものなど、たかい　ものに　おちます。木《き》や　たてものから、ちかくに　いる人《ひと》に　でん気《き》が　つたわる　ことも　あります。ただし、たてものの　中《なか》には　でん気《き》は　ながれません。

もし、かみなりが　なった　ときは、たてものの　中《なか》に　入《はい》って、へやの　まん中《なか》に　いると、あんぜんです。

第《だい》9話《わ》

小《こ》やが とんで いったぞ！
すごい かぜ！
たいふうが きたのかも。

クイズ

たいふうの 目《め》って なに？

ア たいふうの まん中《なか》で、かぜが ふいて いない ところ。

イ たいふうが まわりの ようすを かんじる ところ。

ウ たいふうの 中《なか》で かぜが 一《いち》ばん つよい ところ。

たいふうが　くると、かぜが　つよくて　たいへんだよね。かさは　とばされそうに　なるし、あるきにくいし。

かぜだけじゃ　なくて　雨《あめ》も　すごいよね。わたし、この　まえ、びしょびしょに　なっちゃった！

こわいもの　なしの　ピピも、たいふうには　かなわないか。

かさを　さしていると
かえって
あぶないかも！
答《こた》えは次《つぎ》のページ！

答《こた》え

ア　たいふうの　まん中《なか》で、かぜが　ふいて　いない　ところ。

【解説《かいせつ》】

テレビの　天気《てんき》よほうで、たいふうを　上《うえ》から　とった　しゃしんを　見《み》たことは　ありませんか。たくさんの　くもが　うずを　まいていて、まん中《なか》が　ぽっかり　あいて　いますね。この、ぽっかり　あいた　くもが　ない　ところが　たいふうの　目《め》なのです。

上《うえ》から　見《み》た　たいふう

たいふうの　くもの　下《した》や、その　まわりでは、はげしい　雨《あめ》が　ふり、つよい　かぜが　ふいて　います。

でも、まん中《なか》の　たいふうの　目《め》の　下《した》は、雨《あめ》も　かぜも　あまり　つよく　ありません。

たいふうの　ときは、
なるべく　そとに
出《で》ないように
しようね！

よこから　見《み》た　たいふう

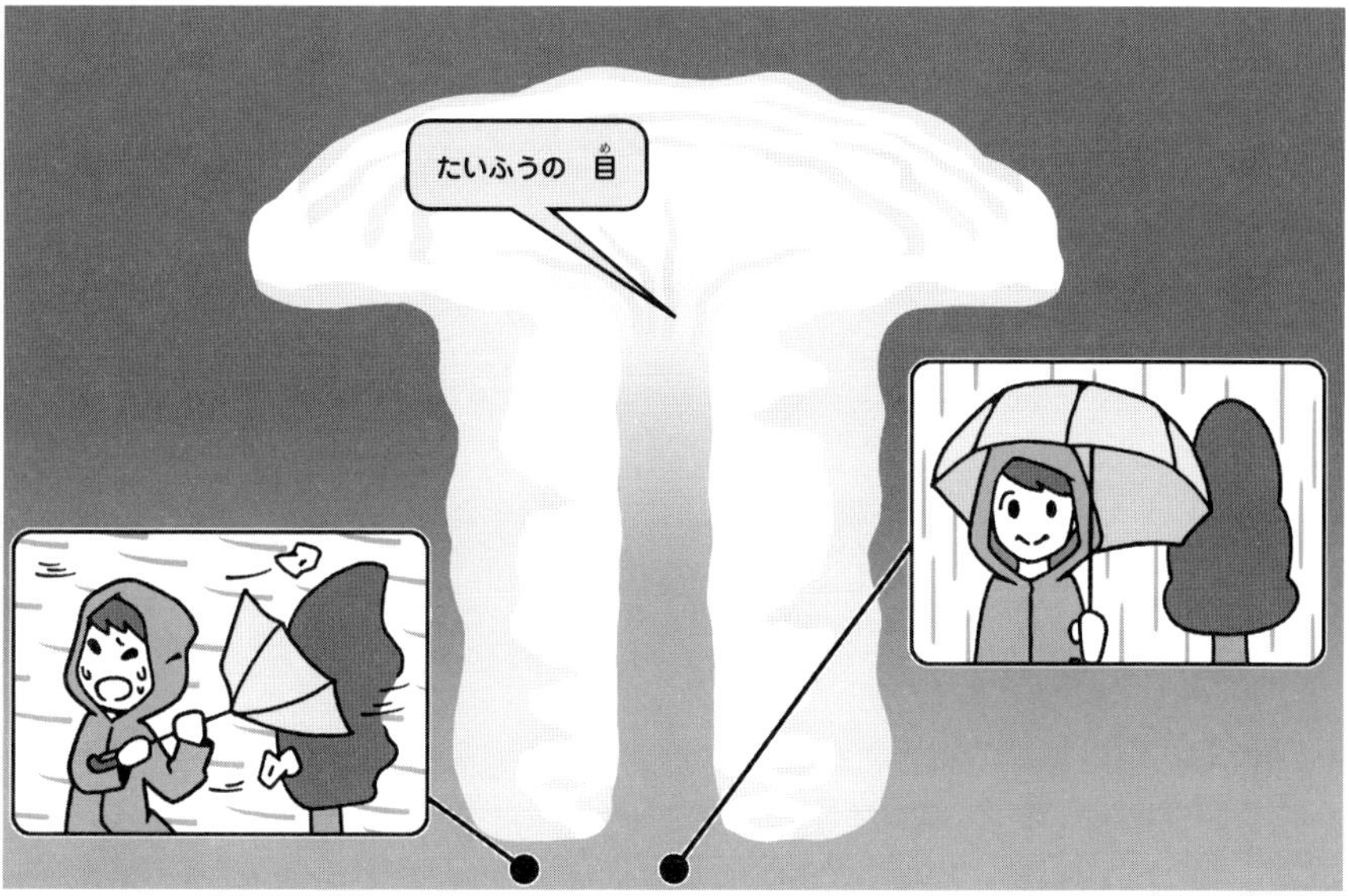
たいふうの　目《め》

第《だい》10話《わ》

よかった。あらしはとおりすぎた。
見《み》て。空《そら》に　川《かわ》があるよ。
ああ、天《あま》の川《がわ》だ。きれいだなあ。

クイズ

天《あま》の川《がわ》は　なにで　できて　いるの？

ア　たくさんの　ほし

イ　たくさんの　虫《むし》

ウ　たくさんの　水《みず》

天《あま》の川《がわ》と　いえば、おりひめと
ひこぼしの　七夕《たなばた》の　おはなしが
ゆう名《めい》だね。

たしか、ふたりが　しごとを　なま
けた　ばつで、天《あま》の川《がわ》を　はさんで
はなればなれに　させられたんだっ
け。

かわいそう〜。

でも、まじめに　しごとを　すれば、
1年《ねん》に　1ど、七夕《たなばた》の　日《ひ》だけ
あえるのさ。

おりひめと
ひこぼしの
おはなしは、
もとは　中国《ちゅうごく》の
でんせつだよ。
おりひめ
ひこぼし
天《あま》の川《がわ》
答《こた》えは次《つぎ》のページ！

答《こた》え

ア　たくさんの　ほし

【解説《かいせつ》】

わたしたちの　しって　いる　「川《かわ》」に　ながれて　いるのは、水《みず》ですね。でも、よぞらに　見《み》える　天《あま》の川《がわ》には、水《みず》は　ながれて　いません。

はれた　よる、たくさんの　ほしが　あつまって、まるで　川《かわ》の　ように　見《み》える　ことから、天《あま》の川《がわ》と　名《な》まえが　つけられたのです。

ヨーロッパの　くにぐにでも、天《あま》の川《がわ》に
まつわる　おはなしが　あります。ただし、
おりひめや　ひこぼしは　出《で》て　きません。
ヨーロッパでは、天《あま》の川《がわ》は　めがみの
おちちが　ながれて　できたと　つたえら
れて　います。だから、天《あま》の川《がわ》の　ことを、
えいごでは　ミルキー・ウェイと　いいま
す。

なめたら、ミルクの　あじが　したりして！

これ しってる？

しぜんの　おもしろい　おはなし

お日《ひ》さまや　月《つき》を　見《み》ると
あしたの　お天気《てんき》が　わかる？

テレビの　天気《てんき》よほうの　なかった
むかしの　人《ひと》は、まわりの　しぜんを
見《み》て、天気《てんき》を　よそうして　いたよ。
たとえば、お日《ひ》さまや　月《つき》の　まわ
りが、ぼんやりと　して　まわりに

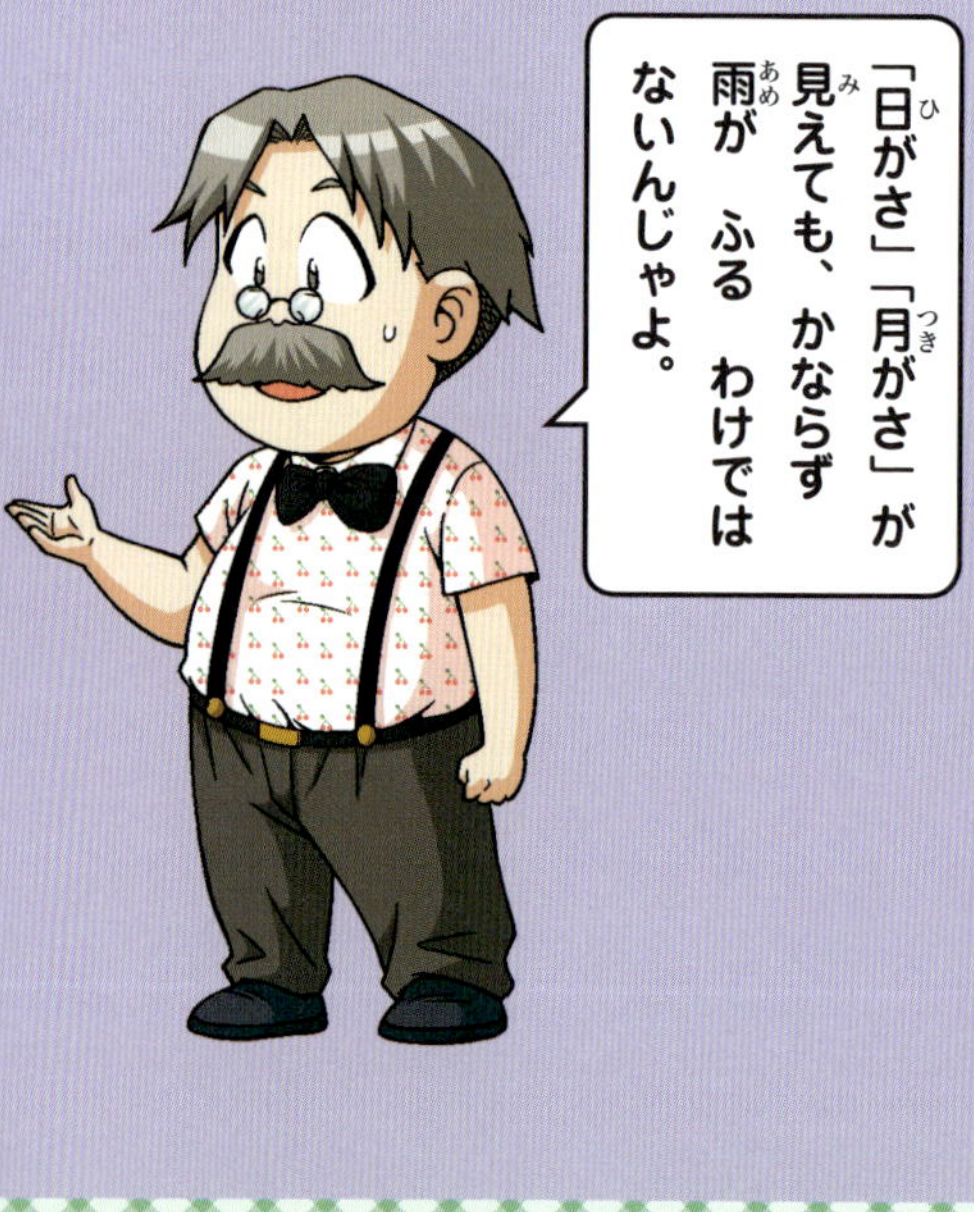
「日《ひ》がさ」「月《つき》がさ」が 見《み》えても、かならず 雨《あめ》が　ふる　わけでは ないんじゃよ。

わっかが　出《で》ているのを見《み》たことは　ないかな？　これは、「日《ひ》がさ」「月《つき》がさ」と　いうんだ。これが　見《み》られた　つぎの日《ひ》には、雨《あめ》が　ふることが　おおいんだって。

▶日《ひ》がさ

みぢかな　かがくの
サバイバル

どんな　おかしでも　1ぷんで　つくれる
おかしマシンが　ぬすまれた！

ジオ、ピピ、ケイと　いっしょに　クイズを　といて、
おかしマシンを　とりもどそう！

第《だい》1話《わ》

クイズ

じてん車《しゃ》の
タイヤには　どうして
空気《くうき》を　入《い》れるの？

ア　のりごこちを　よく
するため。

イ　たおれない　ように
するため。

ウ　タイヤを　つよく　するため。

タイヤに　空気《くうき》が　入《はい》って　いるのは、じてん車《しゃ》だけなの？

じどう車《しゃ》の　タイヤにも、空気《くうき》が入《はい》って　いるよね。

空気《くうき》が　入《はい》って　いない　タイヤはないの？

だい車《しゃ》の　タイヤには、空気《くうき》が入《はい》って　いないよ。

どうして　ちがいが　あるのかな？

だい車《しゃ》を　おした　とき、どんな　かんじが　するかな？
ガタ
ゴト
ガタ
ゴト
答《こた》えは次《つぎ》のページ！

答《こた》え

ア のりごこちを よく するため。

【解説《かいせつ》】

タイヤに 空気《くうき》を 入《い》れるのは、のりごこちを よく するためです。

その わけを、せつめい しましょう。

ゴムまりを ぎゅっと おすと、中《なか》の 空気《くうき》が ちぢんで へこみますが、すぐに おしかえされます。

これは、中《なか》に 入《はい》って いる 空気《くうき》が ちぢんだ あと、もとに もどろうと す

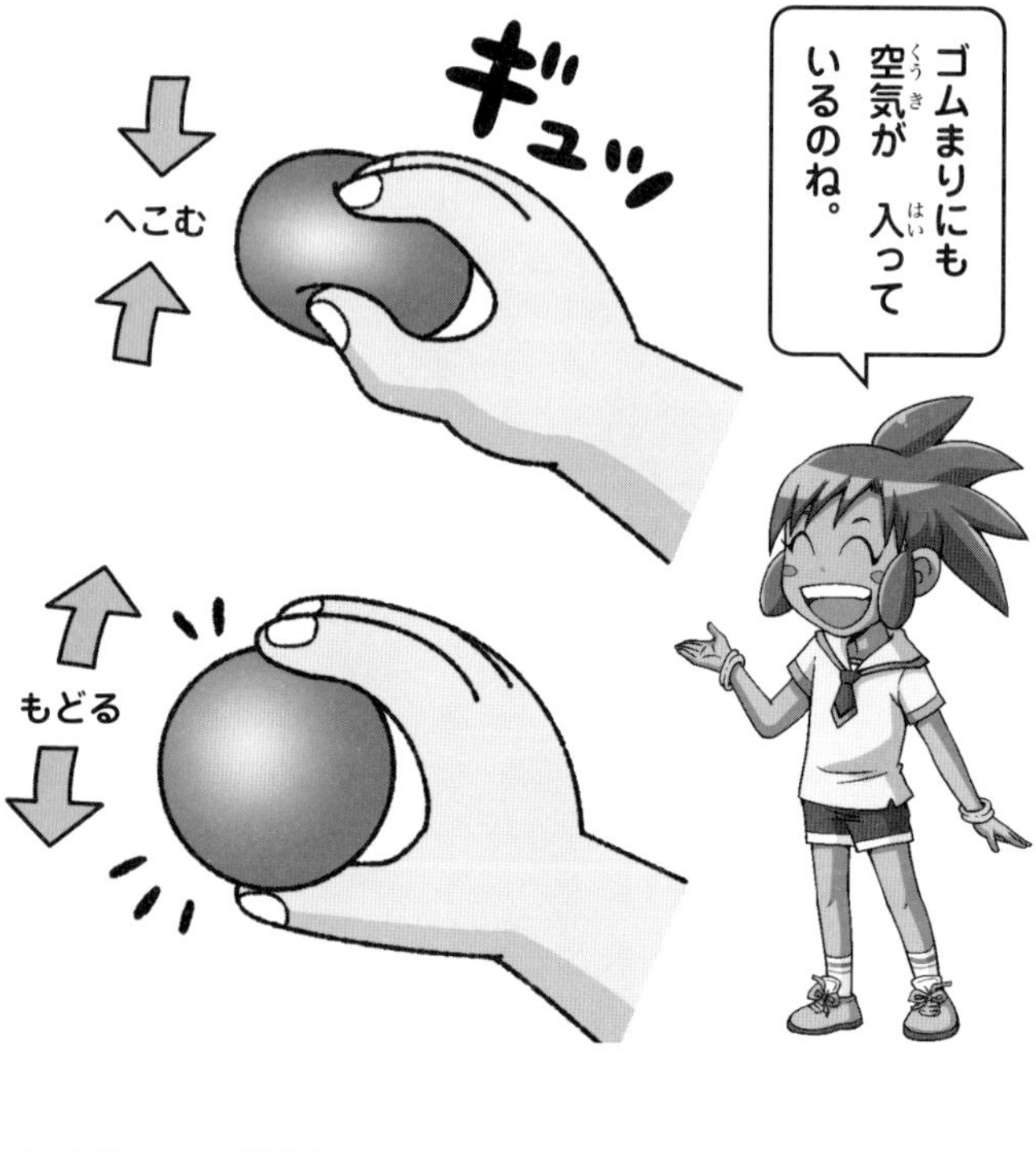

ゴムまりにも 空気《くうき》が 入《はい》って いるのね。
ギュッ
へこむ
もどる

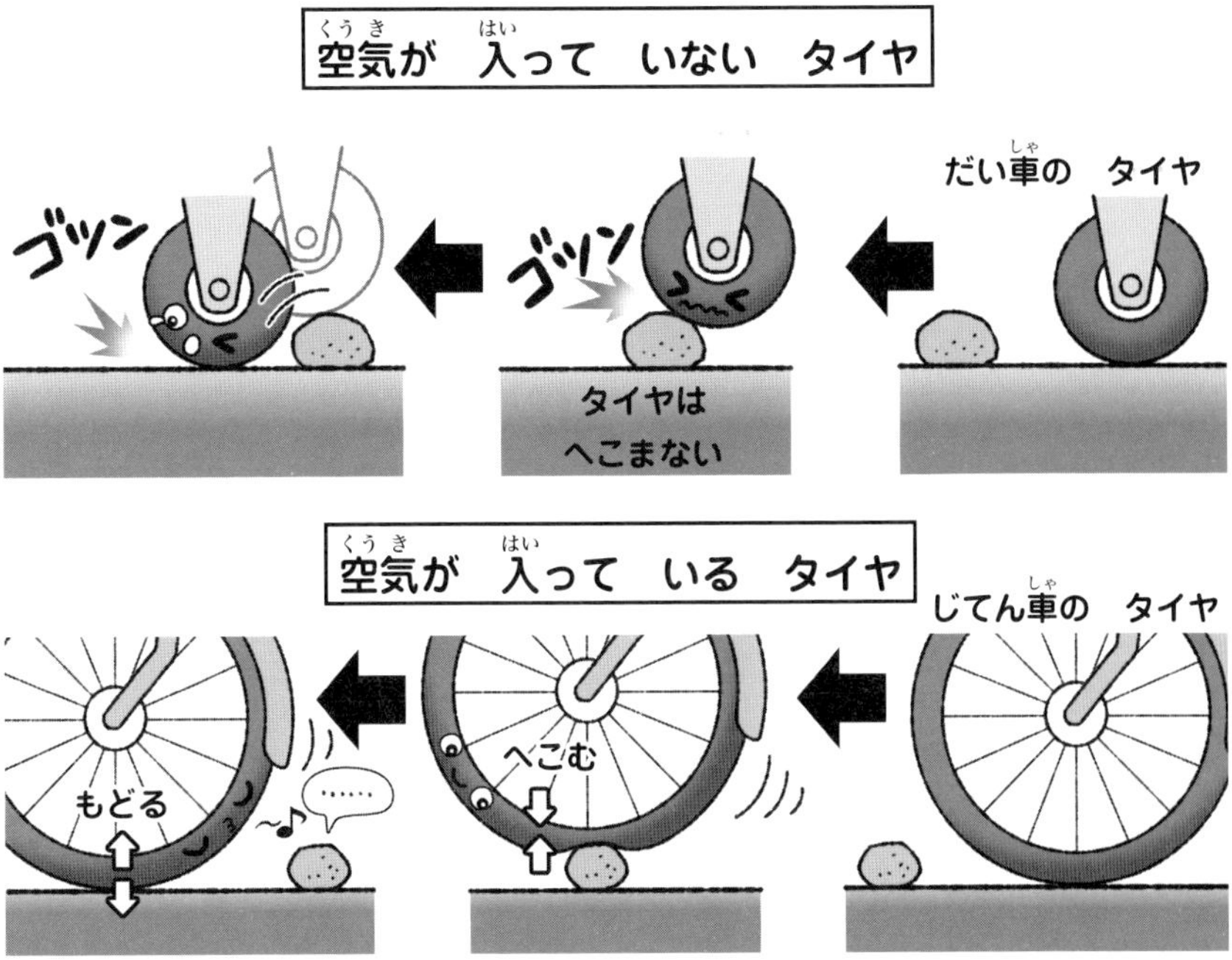
空気《くうき》が　入《はい》って　いない　タイヤ
だい車《しゃ》の　タイヤ
ゴツン
ゴツン
タイヤは
へこまない
空気《くうき》が　入《はい》って　いる　タイヤ
じてん車《しゃ》の　タイヤ
へこむ
もどる
……
~♪

るからです。
じてん車《しゃ》の　タイヤも、これと　おなじです。
はしっていて　石《いし》を　ふむと、タイヤは一《いち》ど　へこみますが、そのあと　すぐ、もとに　もどります。このとき、石《いし》の　ゴツンとした　かんじを　よわめて　くれるのです。

空気《くうき》が、ゴツンと
した　かんじを
よわめて　くれるんだ。

第《だい》2話《わ》

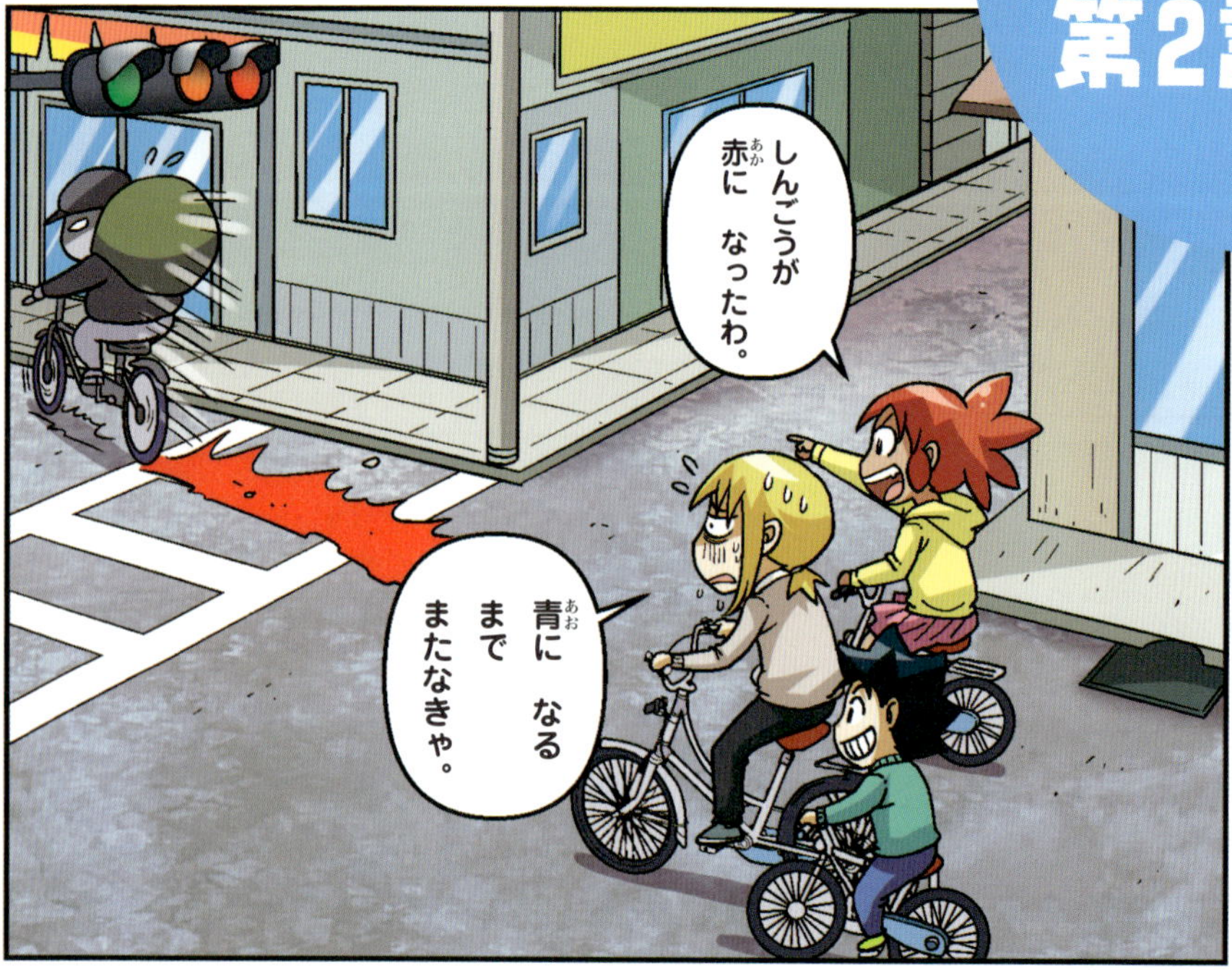
しんごうが
赤《あか》に　なったわ。
青《あお》に　なる
まで
またなきゃ。

クイズ

**しんごうは　どうして
青《あお》、きいろ、赤《あか》なの？**

ア　クレヨンで　一《いち》ばん　よく
つかう　いろだから。

イ　とおくから　目立《めだ》つ
いろだから。

ウ　この　三《みっ》つの　いろを
すきな　人《ひと》が　おおいから。

しんごうの　いろは　みどりなのに、
どうして　青《あお》って　いうの？

日本《にほん》では　むかしから、みどりの
ことを　青《あお》と　いって　きたんだ。
青《あお》い　やさいとか、青《あお》リンゴとか
いうだろう？

なるほど！　そうだったんだ！

青《あお》、きいろ、赤《あか》が
えらばれた　わけを
かんがえよう！

青《あお》しんごう
青《あお》い　やさい
青《あお》リンゴ
青《あお》あおと　した　木《き》

答《こた》えは次《つぎ》のページ！

答《こた》え

イ とおくから 目立《めだ》つ いろだから。

【解説《かいせつ》】

赤《あか》、みどり、きいろは、とおくからでも 見《み》えやすい いろです。それで、この 三《みっ》つの いろが、しんごうの いろに なりました。

せかいの どこでも、しんごうの いろは、この 三《みっ》つと きまって います。

赤《あか》は、一《いち》ばん 目立《めだ》つ いろです。

がいこくでも、
みどりは すすめ、
赤《あか》は とまれ
なんだね。

せかいの どこでも、しんごうの いろは おなじ。

きいろは ちゅうい
みどりは すすめ
赤《あか》は とまれ

赤《あか》には、「あぶない！」と、きけんを　かんじさせる　はたらきが　あるので、**とまれ**の　しるしに　なって　います。

みどりには、こころを　おちつかせる　はたらきが　あります。青《あお》しんごうは、「おちついて　**すすめ**」という　いみです。

きいろは、雨《あめ》や　きりの　中《なか》でも　よく　目立《めだ》ちます。それで、**ちゅうい**を　あらわす　いろに　なって　いるのです。

いろを　見《み》た　ときに、
かんじる　ことが
ちがうんだね。
みどり
(青《あお》)
きいろ
赤《あか》
だいじょうぶ！
すすめ
雨《あめ》や　きりの　中《なか》
でも　目立《めだ》つ。
ちゅうい
あぶない！
とまれ

第《だい》3話《わ》

%$#&%*!
なにかいってるよ?
でん車《しゃ》の音《おと》できこえないよ

クイズ

でん車《しゃ》は　どうして　ガタンゴトンと　音《おと》が　するの？

ア　モーターの　音《おと》が　きこえて　いるから。

イ　でん車《しゃ》が　こわれそうに　なって　いるから。

ウ　レールに　すきまが　あるから。

でん車《しゃ》に
のったとき、音《おと》を
きいて　みよう！

パンタグラフ
でん気《き》を　あつめる。
でんせん
でん気《き》が　ながれて　いる。
車《しゃ》りん
車《しゃ》りんの　うちがわに
モーターが　ある。
レール

でん車《しゃ》は　どうやって　うごくの？

でん車《しゃ》は、モーターで　車《しゃ》りんをまわして　うごくんだ。

でんちを　つんで　いるの？

でん車《しゃ》は、パンタグラフで、でんせんから　でん気《き》を　あつめているよ。

わかった！　ガタンゴトンは、モーターの　音《おと》だよね？

さあ、どうかな？

答《こた》えは次《つぎ》のページ！

答《こた》え

ウ レールに　すきまが　あるから。

【解説《かいせつ》】

レールは　こうじょうで　つくり、かもつれっ車《しゃ》や　トラックで　はこびます。かもつれっ車《しゃ》や　トラックに　のせるには、一本《いっぽん》の　レールの　ながさを　みじかく　しなければ　なりません。

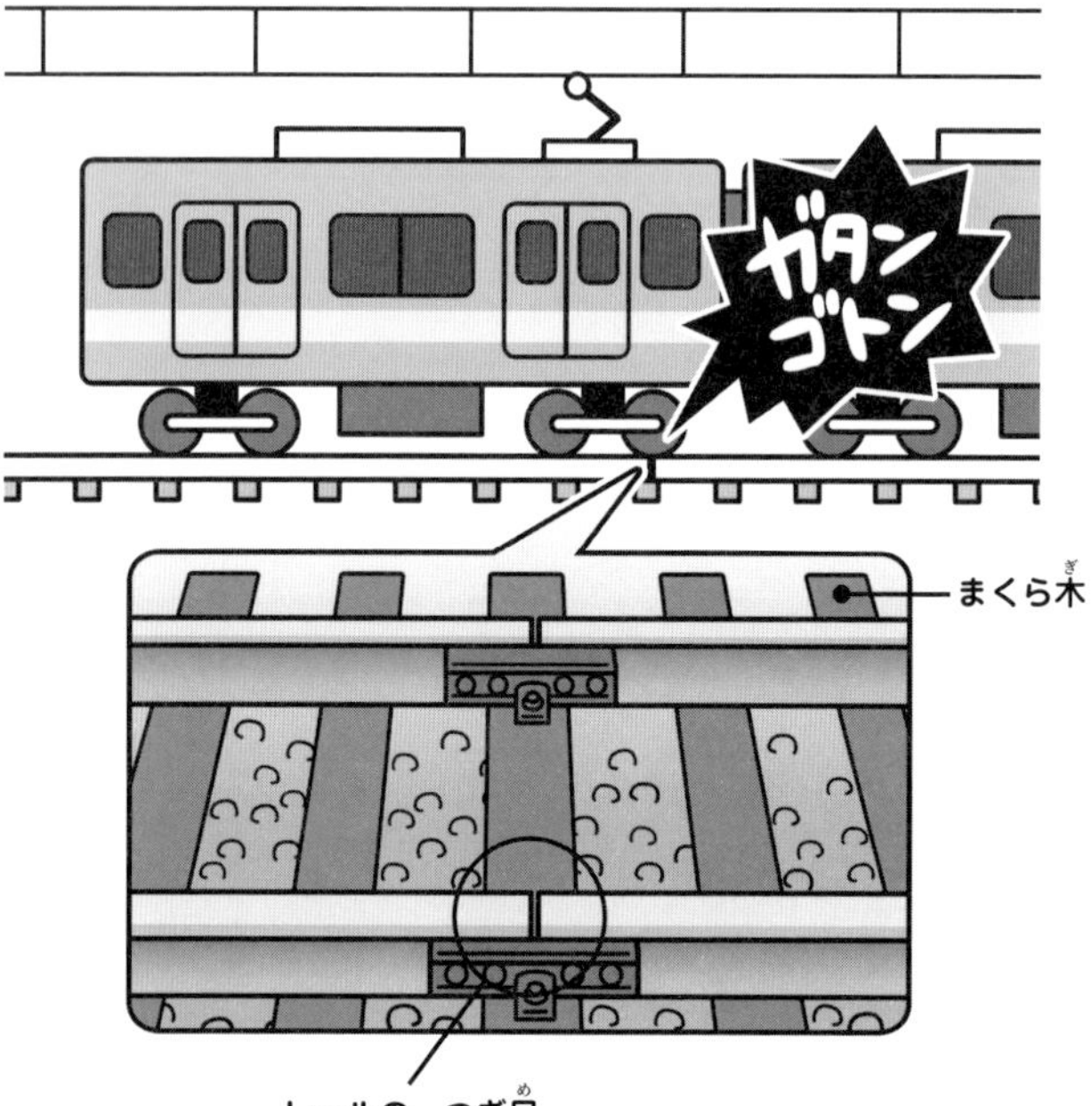

一本《いっぽん》一本《いっぽん》は、みじかい　レールを　せんろの　上《うえ》で　つないで　ながくして　いきます。このとき　できた　レールの　つぎ目《め》に　すこし　すきまが　あるので、車《しゃ》りんが　そこを　とおるとき、ガタンゴトンと　音《おと》が　するのです。

すきまが　できないように、レールと　レールを　とかして　つないだ　レールも　あります。この　レールは、　つぎ目《め》も　くふうされて、音《おと》が　あまり　しません。

しんかんせんに　のったら、レールの　音《おと》が　しないか　きいて　みるよ！
しんかんせんの　レールには、つぎ目《め》が　ないよ！
ガタンゴトンと　音《おと》が　しないから　しずかだよ。
こっちの　レールも　つぎ目《め》が　ないのが　ふえて　いるよ。

第《だい》4話《わ》

クイズ

セーターを　ぬぐと　どうして　パチパチ　するの？

ア　音《おと》を　出《だ》す　ものが　入《はい》って　いるから。

イ　じつは　気《き》の　せい。

ウ　からだに　でん気《き》が　ながれるから。

パチパチするのは、セーターを
ぬぐとき　だけかな？

金《きん》ぞくで　できた　ドアの　とっ手《て》
に　さわった　ときも、パチパチッ
と　きたよ。びっくりして、とっ手《て》
を　はなしちゃった！

こういうことって、ふゆに　おおい
よね。

うーん。パチパチの　しょうたいは
いったい　なんだろう？

ドアの　とっ手《て》で
パチパチッと
したこと　ない？
パチッ

答《こた》えは次《つぎ》のページ！

答《こた》え

ウ　からだに　でん気《き》が　ながれるから。

【解説《かいせつ》】

セーターを　ぬぐとき、パチパチするのは、セーターと　人《ひと》の　からだが　こすれあって、**せいでん気《き》**という　でん気《き》が　おきるからです。

セーターを　ぬぐとき、セーターから　人《ひと》の　からだに　せいでん気《き》が　ながれるのです。

ドアの　とっ手《て》に　さわったときは、ゆびと　金《きん》ぞくの　とっ手《て》が　こすれあって、ゆびから　とっ手《て》に　せいでん気《き》が　ながれます。せいでん気《き》が　ながれた　ときに、ピリッと　しびれる　かんじが　するのです。

また、下《した》じきで　かみのけを　こすると、かみのけが　下《した》じきに　くっつきますね。これも、せいでん気《き》の　しわざです。

ものが　こすれると、でん気《き》が　おきる　ことが　あるんだね。

わしの　しょうたいも、せいでん気《き》じゃったな！
ゴロ　ゴロ
ゴロ

水《みず》や　こおりの　つぶが　こすれあって、でん気《き》が　おきる。

第《だい》5話《わ》

かみが
はってある。
なにか
かいて　あるけど
よめないなぁ。

クイズ

えんぴつで　どうして　字《じ》が　かけるの？

ア　えんぴつの　しんの　こなが、かみに　つくから。

イ　えんぴつの　しんから、インクが　出《で》るから。

ウ　えんぴつの　しんで、かみを　けずるから。

えんぴつは、しんが　あるから
かけるんだよね。

ねえ、ケイちゃん。しんは、なにか
ら　できて　いるの？

こくえんという　くろい　こなと、
ねん土《ど》を　まぜて、やいて　かため
た　ものだよ。

しんに、どんな　ひみつが　あるの
かな？

じくの　中《なか》に、
ながい　しんが
入《はい》って
いるんだね。

えんぴつの　つくり

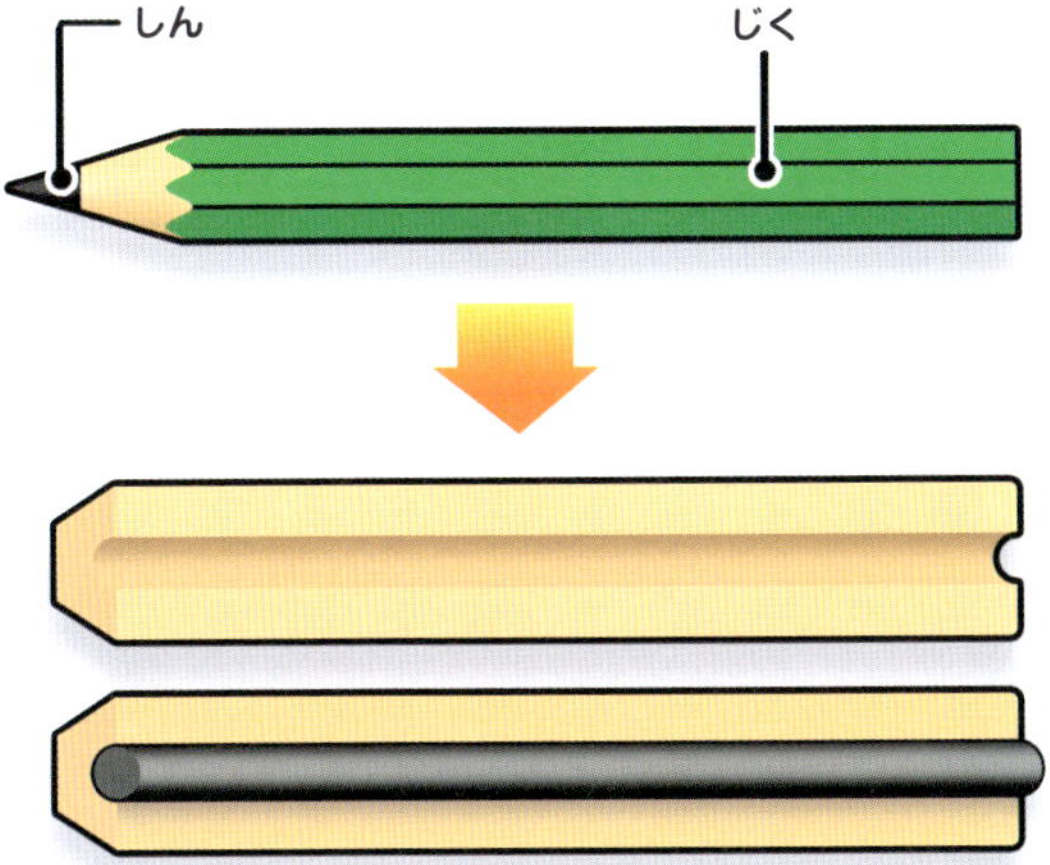

しん
じく

えんぴつを
たてに　わると、この　ように
しんが　入《はい》って　いる。

答《こた》えは次《つぎ》のページ！

答《こた》え

ア えんぴつの しんの こなが、 かみに つくから。

【解説《かいせつ》】

えんぴつで 字《じ》を かくとき、 えんぴつの しんは かみを つよく こすります。 かみは つるつるして いても、 目《め》に 見《み》えない 小《ちい》さな でこぼこが たくさん あります。

この でこぼこに、 えんぴつの しんの こくえんの こなが くっつきます。 それで、 字《じ》が かけるのです。

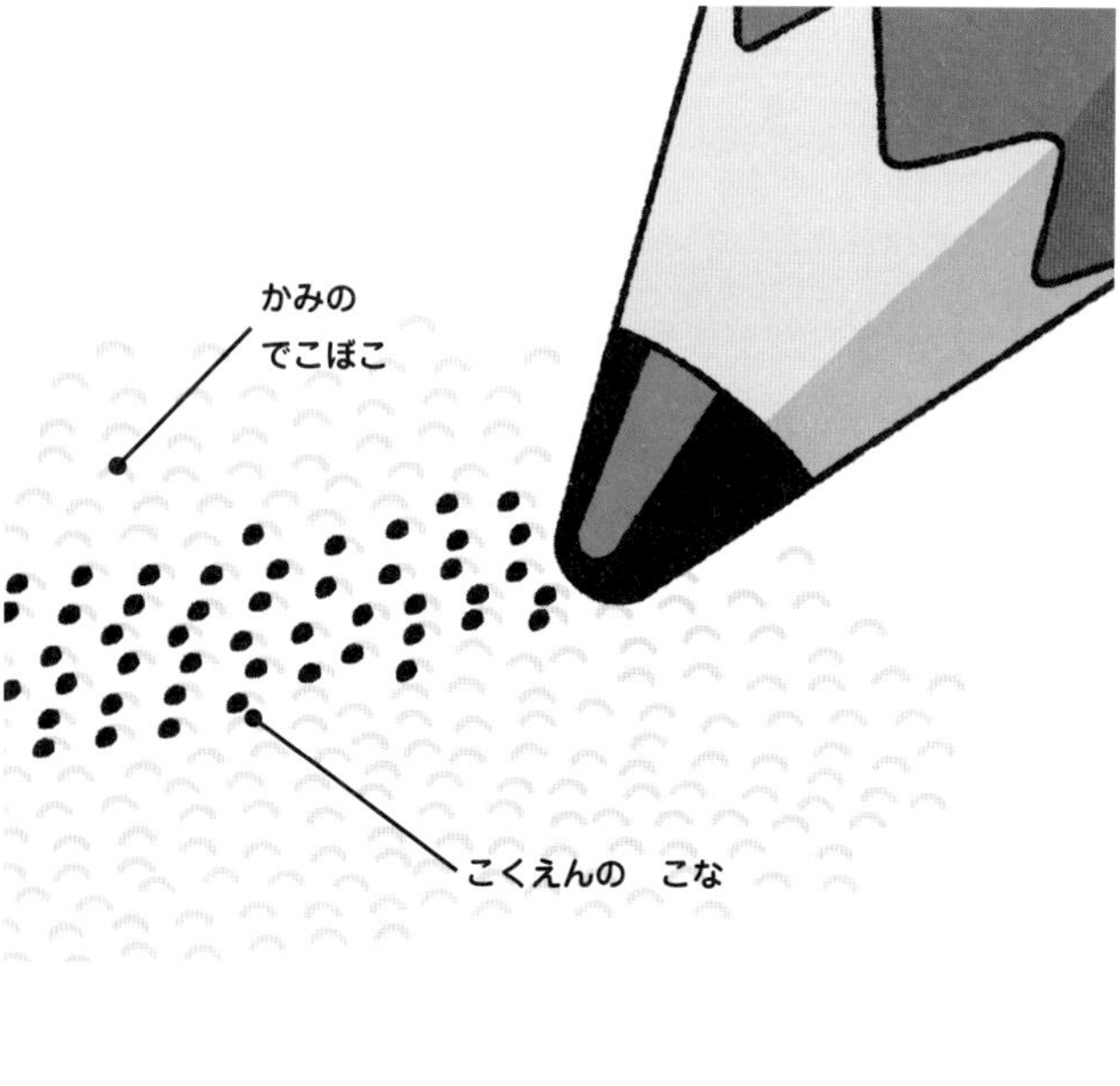

ところで、えんぴつに　かいて　ある2H《エイチ》、HB《エイチビー》、2B《ビー》という　きごうには、どんな　いみが　あるのでしょうか。

H《エイチ》は、しんの　かたさを　あらわします。H《エイチ》、2H《エイチ》、3H《エイチ》、4H《エイチ》……の　じゅんにかたく　なります。

B《ビー》は、しんの　やわらかさを　あらわします。B《ビー》、2B《ビー》、3B《ビー》、4B《ビー》……の　じゅんに　やわらかく　なります。

かいた　字《じ》は、かたい　ほうが　うすく、やわらかい　ほうが　こく　なります。

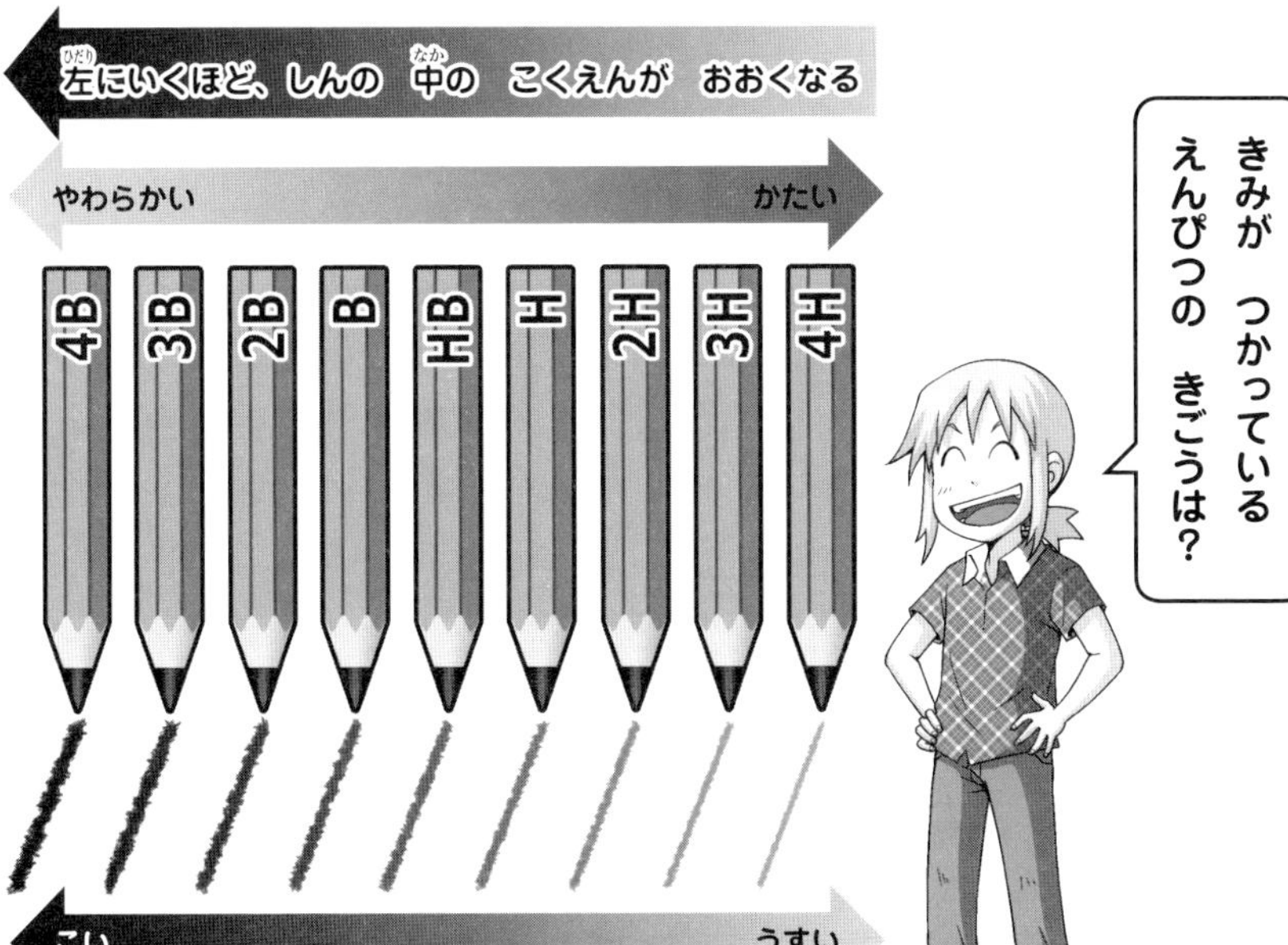

第《だい》6話《わ》

やっと
わかったぞ！
「れいぞうこの
中《なか》の　ものを
もってこい」
だ。
よみにくい
ね。
なにか
入《はい》ってるのかな？

クイズ

**たべものを
れいぞうこで
ひやすのは
どうして？**

ア　ひやしたものは、おなかを
こわさないから。

イ　たべものを　くさりにくく
するため。

ウ　ネコに　たべられない
ように　するため。

れいぞうこは、たべものを　ひやすものだよね。うちは、ぎゅうにゅう、にく、さかななどを　入《い》れて　いるよ。

たべものなら　なんでも　入《い》れるわけじゃ　ないんだ。

おせんべいや　クッキーは　入《い》れないね。

入《い》れる　ものと　入《い》れない　もののちがいは　なにかな？

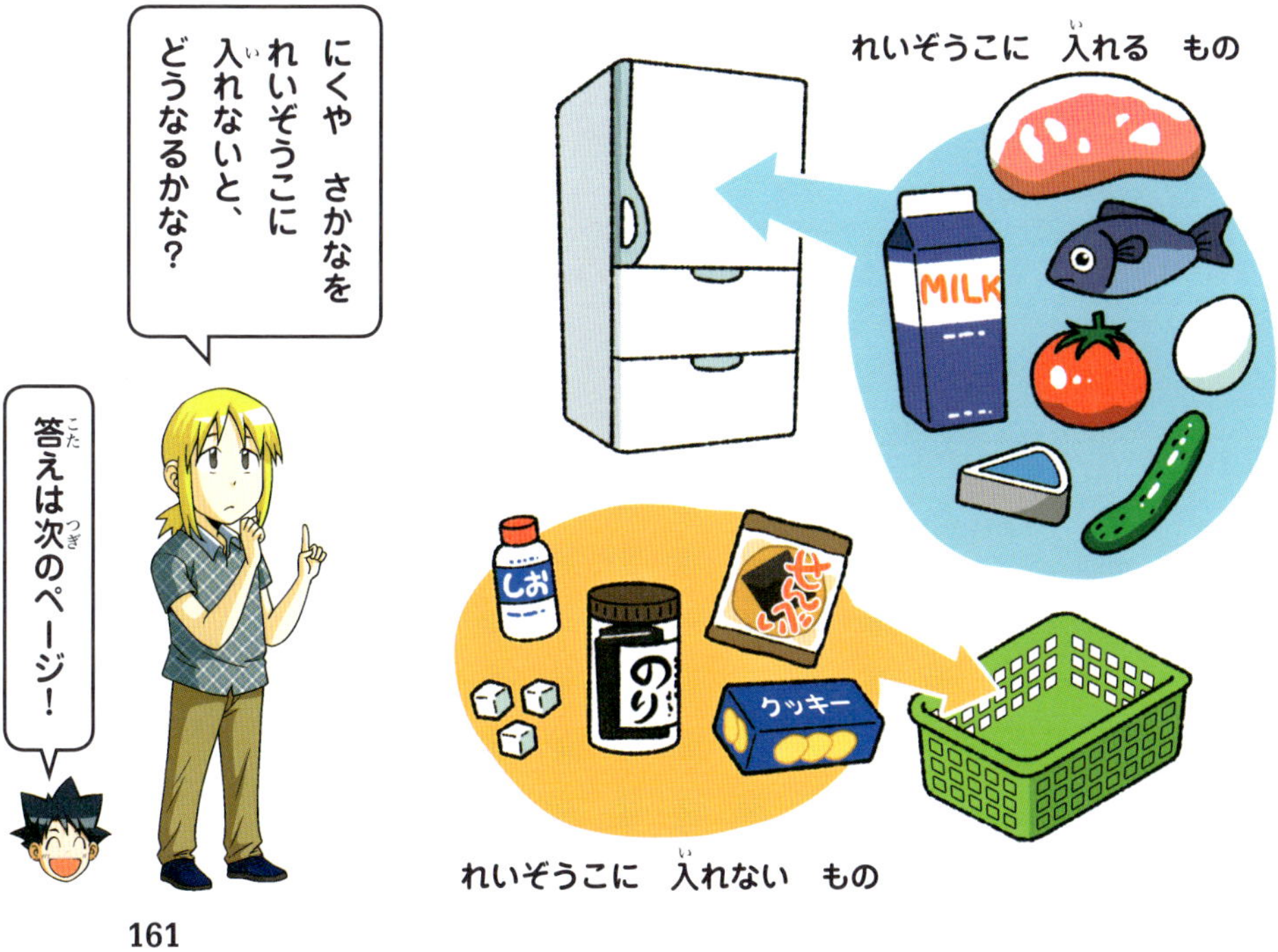

れいぞうこに　入《い》れる　もの
MILK
しお
のり
クッキー
れいぞうこに　入《い》れない　もの
にくや　さかなを
れいぞうこに
入《い》れないと、
どうなるかな？
答《こた》えは次《つぎ》のページ！

答《こた》え

イ たべものを　くさりにくく　するため。

【解説《かいせつ》】

たべものを　れいぞうこで　ひやすのは、たべものを　くさりにくく　するためです。

たべものが　くさると　いやな　においが　したり、どろどろに　なったりします。これは、ものを　くさらす　ばいきんのしわざです。

うまそう！
くさらせてやれ！

ばいきんは　あたたかい　ところでは　げん気《き》です。

でも、さむい　ところでは、げん気《き》が　なくなって、なにも　できません。れいぞうこの　中《なか》では、たべものを　くさらせる　ことが　できないのです。

たべものの　中《なか》でも　かわいて　いるものは、なかなか　くさりません。せんべいや　クッキーなどを　れいぞうこに　入《い》れないのは、かわいていて　くさりにくいからです。

さむいと、ばいきんは　げん気《き》が　出《で》ないいんだね。
れいぞうこの　中《なか》
あたたかい　ところ　大《だい》すき！
ポカ
ポカ
さむくて　しにそう……。

第《だい》7話《わ》

クイズ

ぎゅうにゅうが
ざいりょうの
ものは　どれ?

ア　とうふ

イ　バター

ウ　うどん

ぎゅうにゅうは、ウシの　ちちを
しぼった　ものだよね。

でも、そのまま　かみパックに
つめて　うっている　わけでは
ないよ。

どんな　ふうに　しているの？

ちちを　しぼったあと、こうじょう
で　おいしく、のみやすくして
いるんだ。

ぎゅうにゅうが　とどくまで

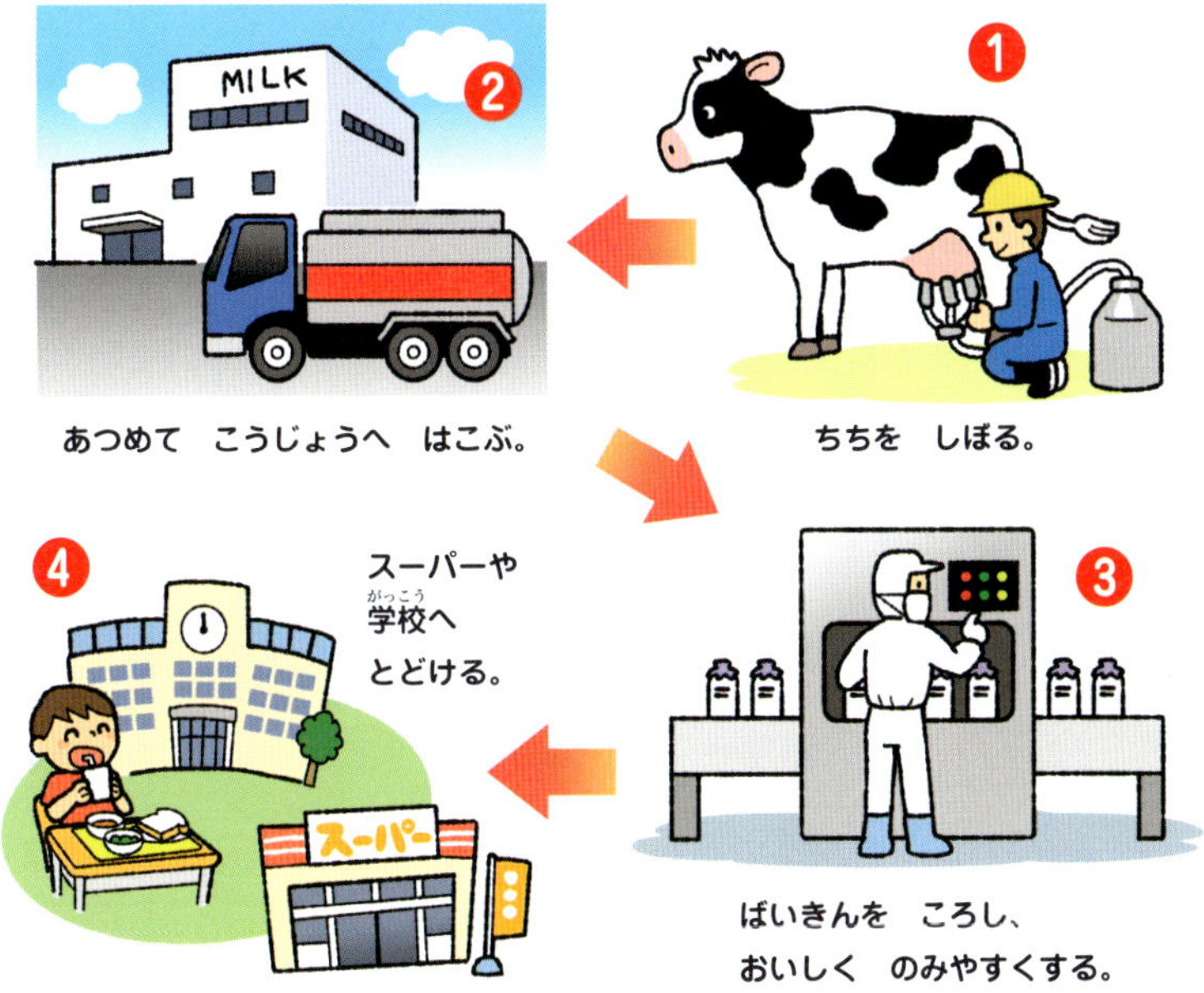
1
ちちを　しぼる。
2
MILK
あつめて　こうじょうへ　はこぶ。
3
ばいきんを　ころし、
おいしく　のみやすくする。
4
スーパーや
学校《がっこう》へ
とどける。
スーパー

答《こた》えは次《つぎ》のページ！

答《こた》え

イ バター

【解説《かいせつ》】

バターは、ぎゅうにゅうから　しぼうを　とりだして、かためた　ものです。

バターを　つくる　ときは、しぼった　ぎゅうにゅうを　きかいで　かきまぜます。かきまぜると、小《ちい》さな　しぼうの　かたまりどうしが　くっつきあって、だんだん　大《おお》きな　かたまりに　なります。これが　バターです。

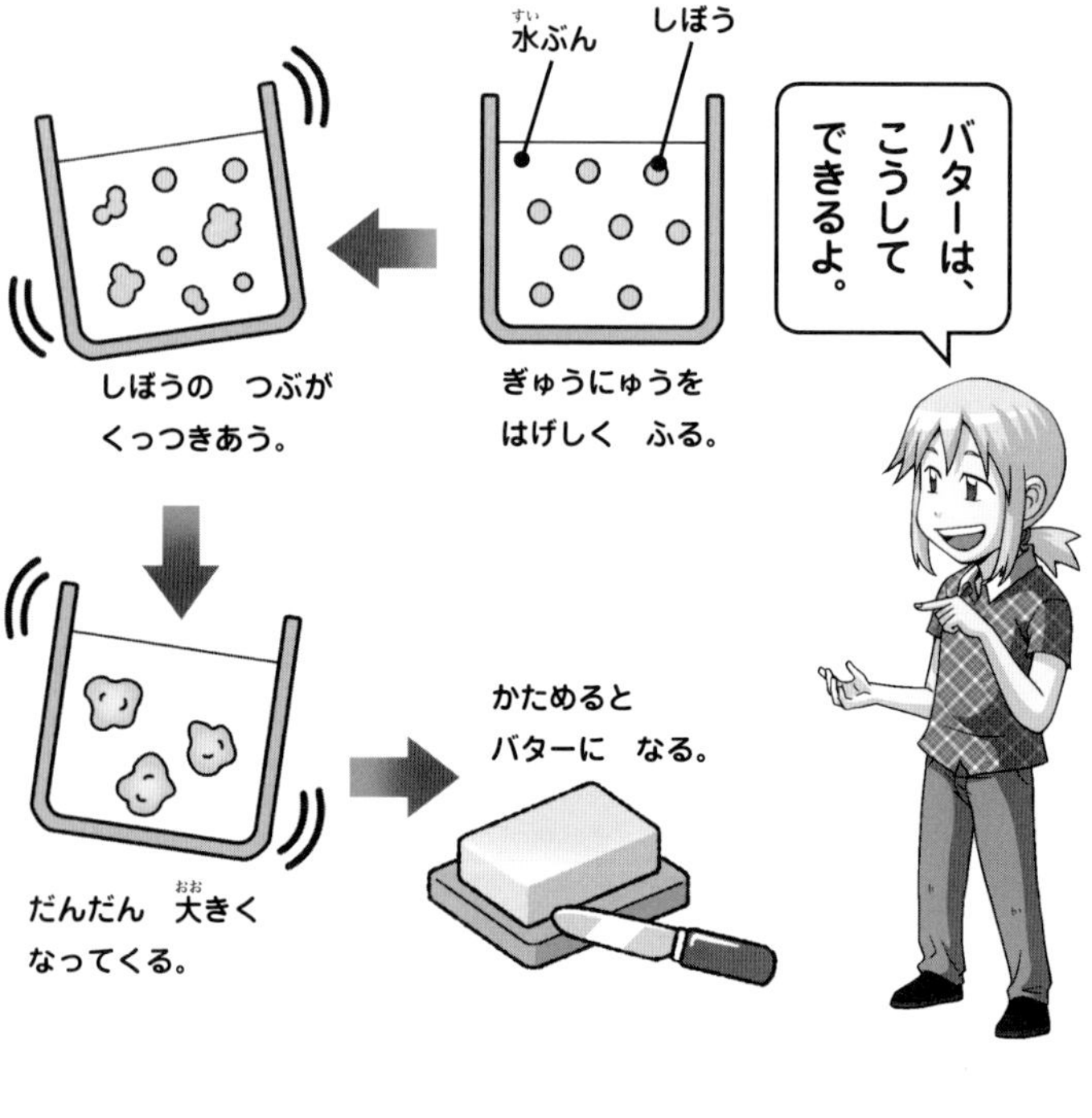

バターは、こうしてできるよ。
水《すい》ぶん
しぼう
ぎゅうにゅうを　はげしく　ふる。
しぼうの　つぶが　くっつきあう。
だんだん　大《おお》きく　なってくる。
かためると　バターに　なる。

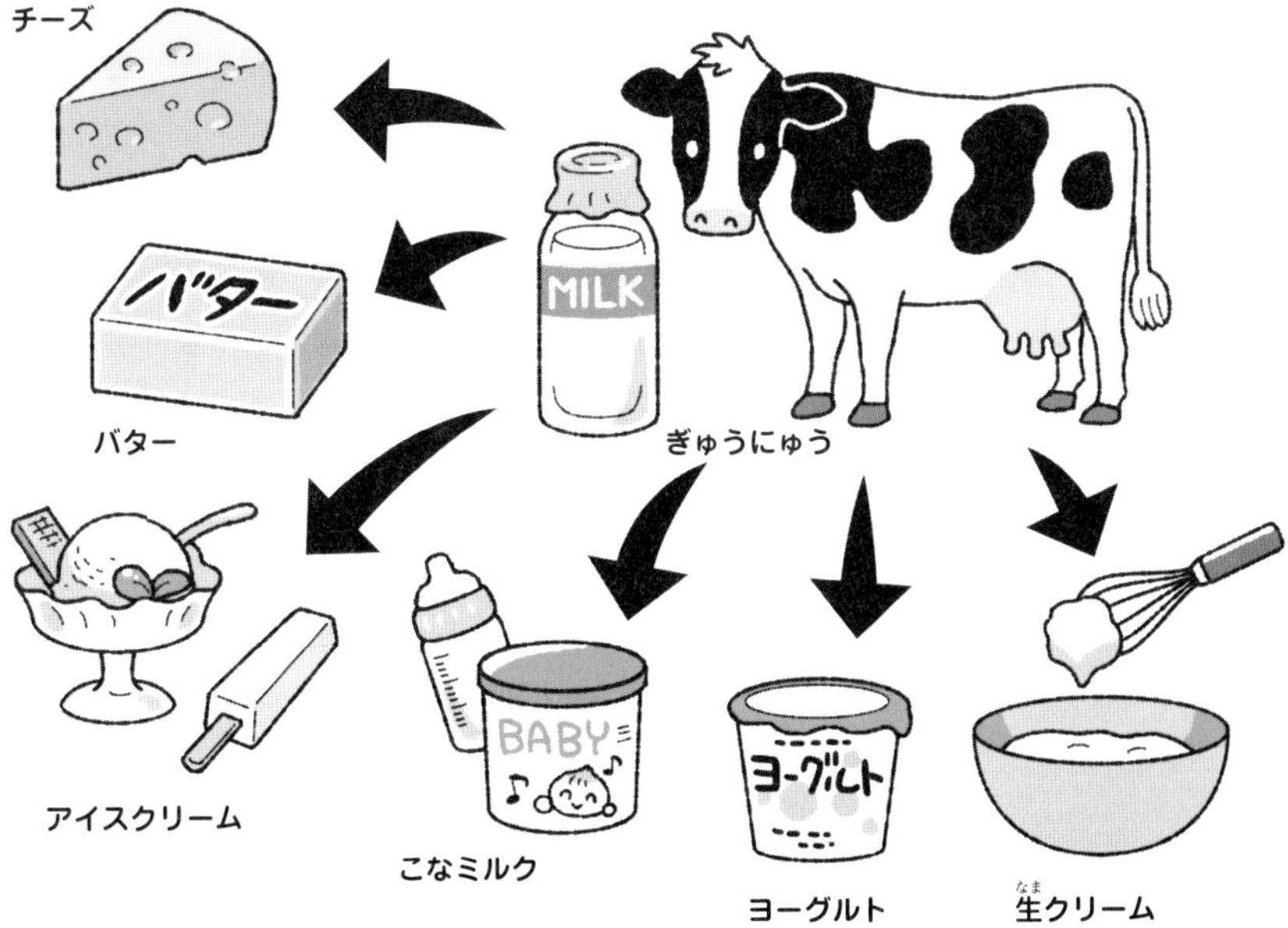

そのほか　ぎゅうにゅうから　つくられる　ものには、ヨーグルト、チーズ、生《なま》クリーム、アイスクリームなどが　あります。赤《あか》ちゃんが　のむ　こなミルクも　ぎゅうにゅうから　つくられます。

第《だい》8話《わ》

あ、どろぼうがいたぞ。
うわっ。しょうゆだ。
つかまえなきゃ。

クイズ

しょうゆと つくりかたが にて いる ものは どれ？

ア そば

イ コーラ

ウ みそ

しょうゆは　ダイズから　つくられるよ。

ダイズって、せつぶんの　まめまきの　ときに　たべる　まめだよね？

そうだよ。ダイズからは、ほかにも　日本人《にほんじん》が　まい日《にち》の　ように　たべる　ものが　つくられるんだ。

まい日《にち》の　ように　たべる　もの？

きみも　きっと　たべて　いるよ。

しょうゆの　つくりかた

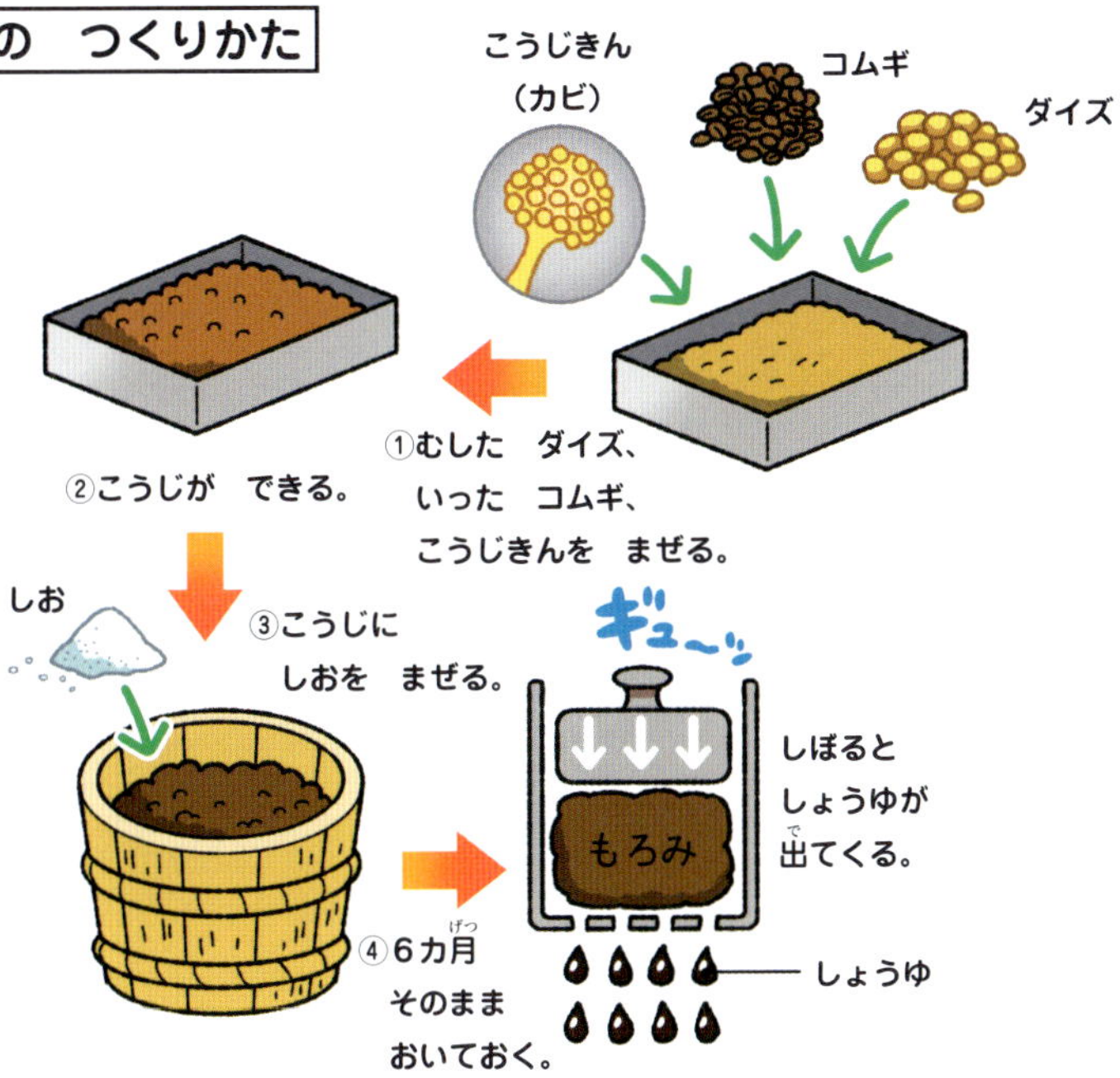
こうじきん
（カビ）
コムギ
ダイズ
①むした　ダイズ、いった　コムギ、こうじきんを　まぜる。
②こうじが　できる。
しお
③こうじに　しおを　まぜる。
ギュ〜ッ
もろみ
しぼると　しょうゆが　出《で》てくる。
しょうゆ
④6カ月《げつ》　そのまま　おいておく。

答《こた》えは次《つぎ》のページ！

答《こた》え

ウ みそ

【解説《かいせつ》】

みそには、むぎみそや　こめみそなど、いろいろ　あります。でも、どれも　しょうゆと　おなじで、ダイズから　つくられます。

みそは、つぎの　ようにして　つくります。

まず、ダイズを　にます。つぎに、にて　やわらかく　なった　ダイズを　つぶして、しおと　こうじを　くわえて　まぜます。これを　1年《ねん》ぐらい　おいて　おくと、みその　できあがりです。

ダイズから　つくられる　ものには、この　ほかに、とうふ、なっとう、あぶらあげ、きなこ、とうにゅうなどが　あります。

みその　つくりかた

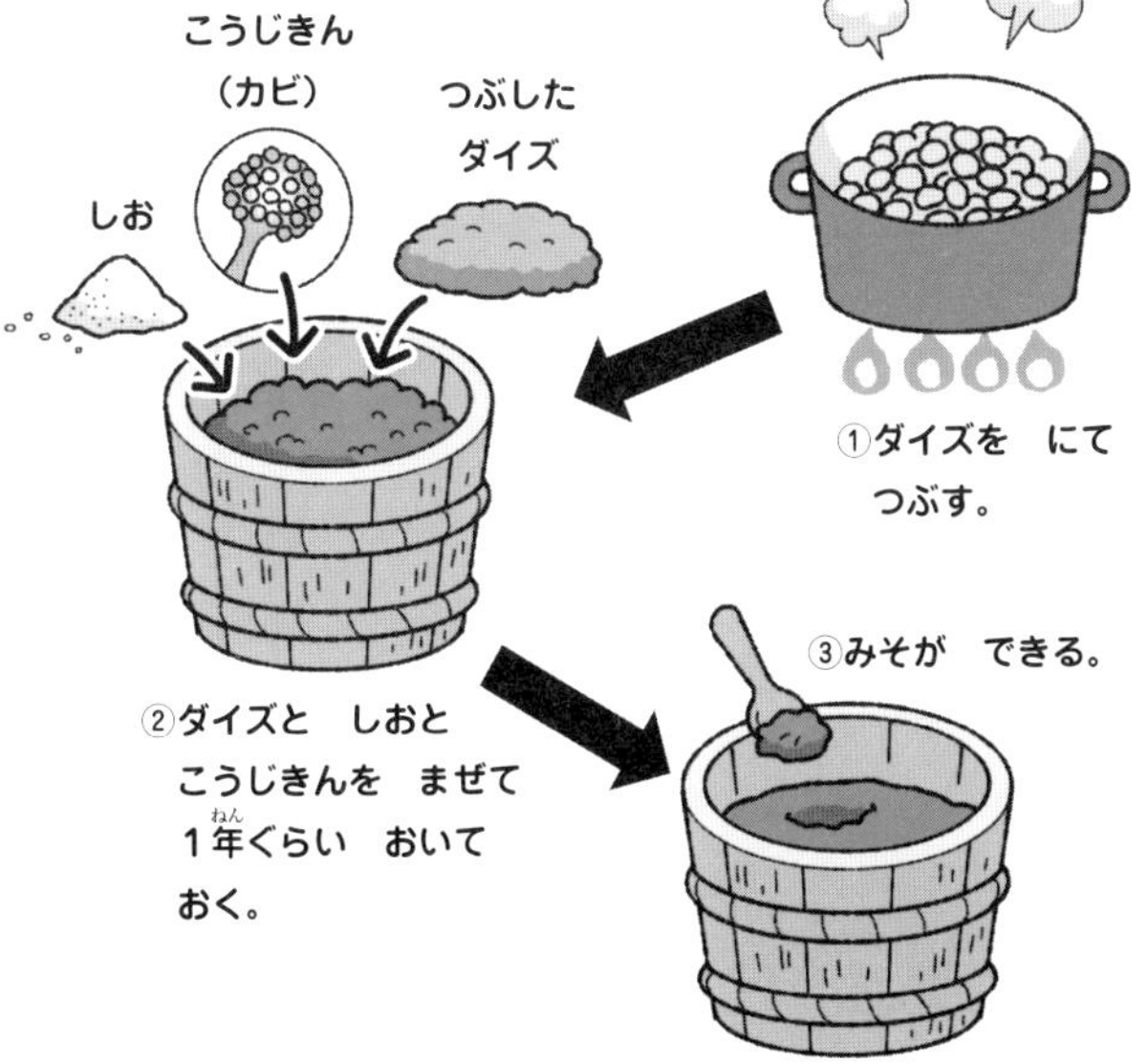

ダイズから　つくられる　もの

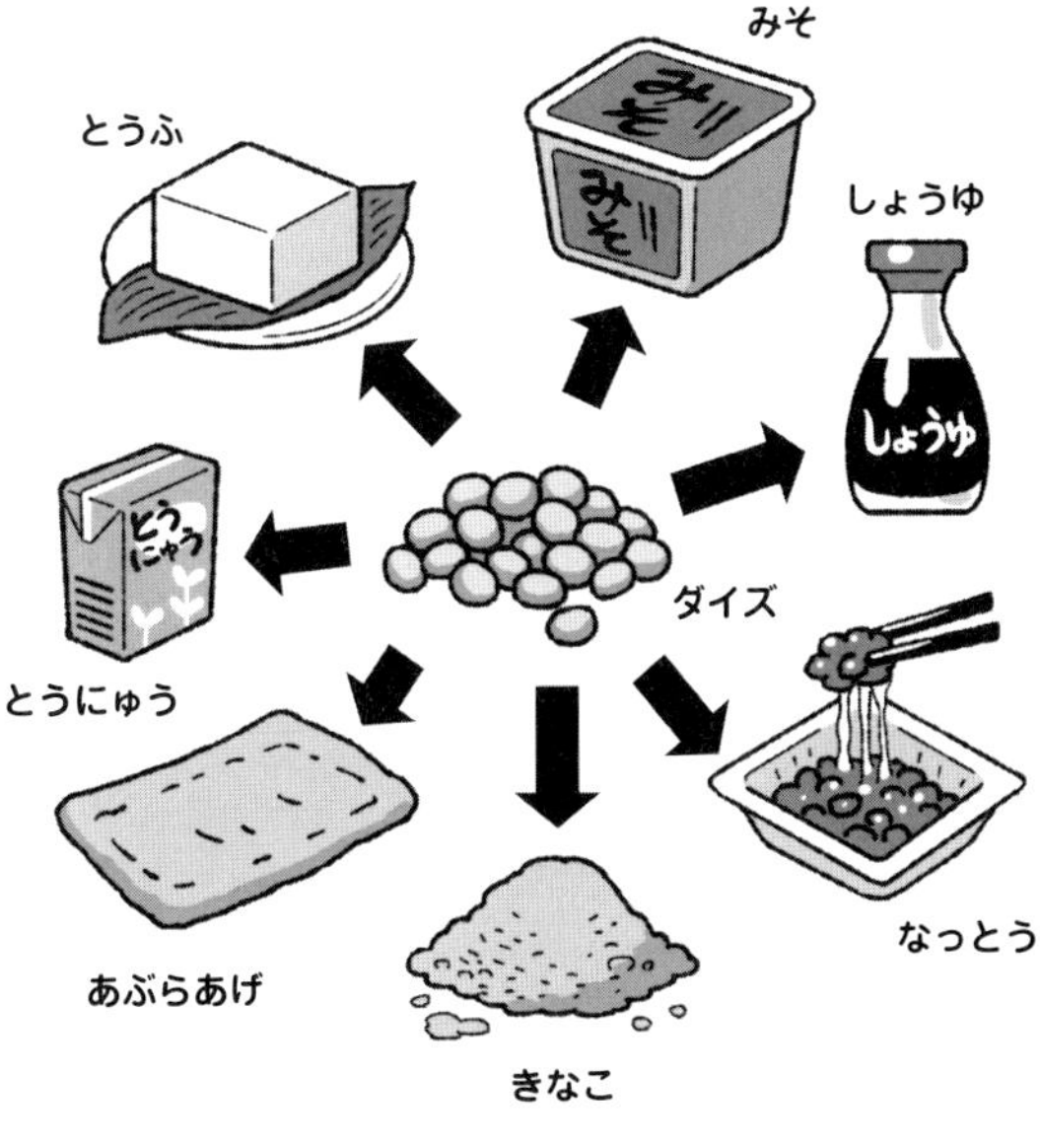

第《だい》9話《わ》

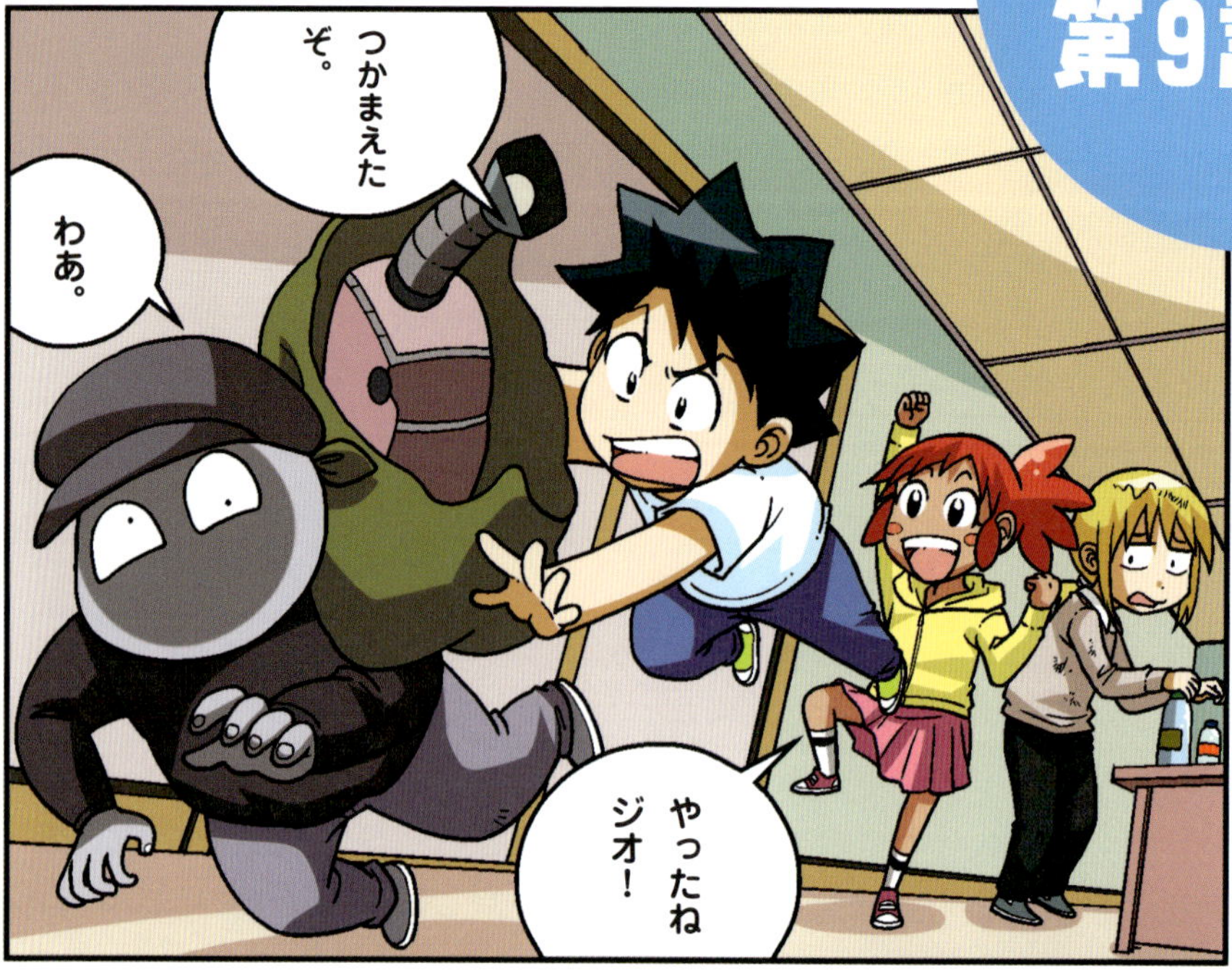
つかまえたぞ。
わぁ。
やったねジオ！

クイズ

わたがしは　どうして　ふわふわして　いるの？

ア　空気《くうき》が　入《はい》って　いるから。

イ　わたで　できて　いるから。

ウ　スポンジで　できて　いるから。

わたがしの　ざいりょうは　さとう
だよ。ざらめという　つぶが　大《おお》き
い　さとうを　つかうよ。

どうやって　つくるの？

さとうを　あたためて　とかすんだ。
とけた　さとうは、糸《いと》に　なって
あなから　出《で》てくる。

それを　わりばしで　からめとって
いるんだね！

わたがしの
つくりかた
だよ。

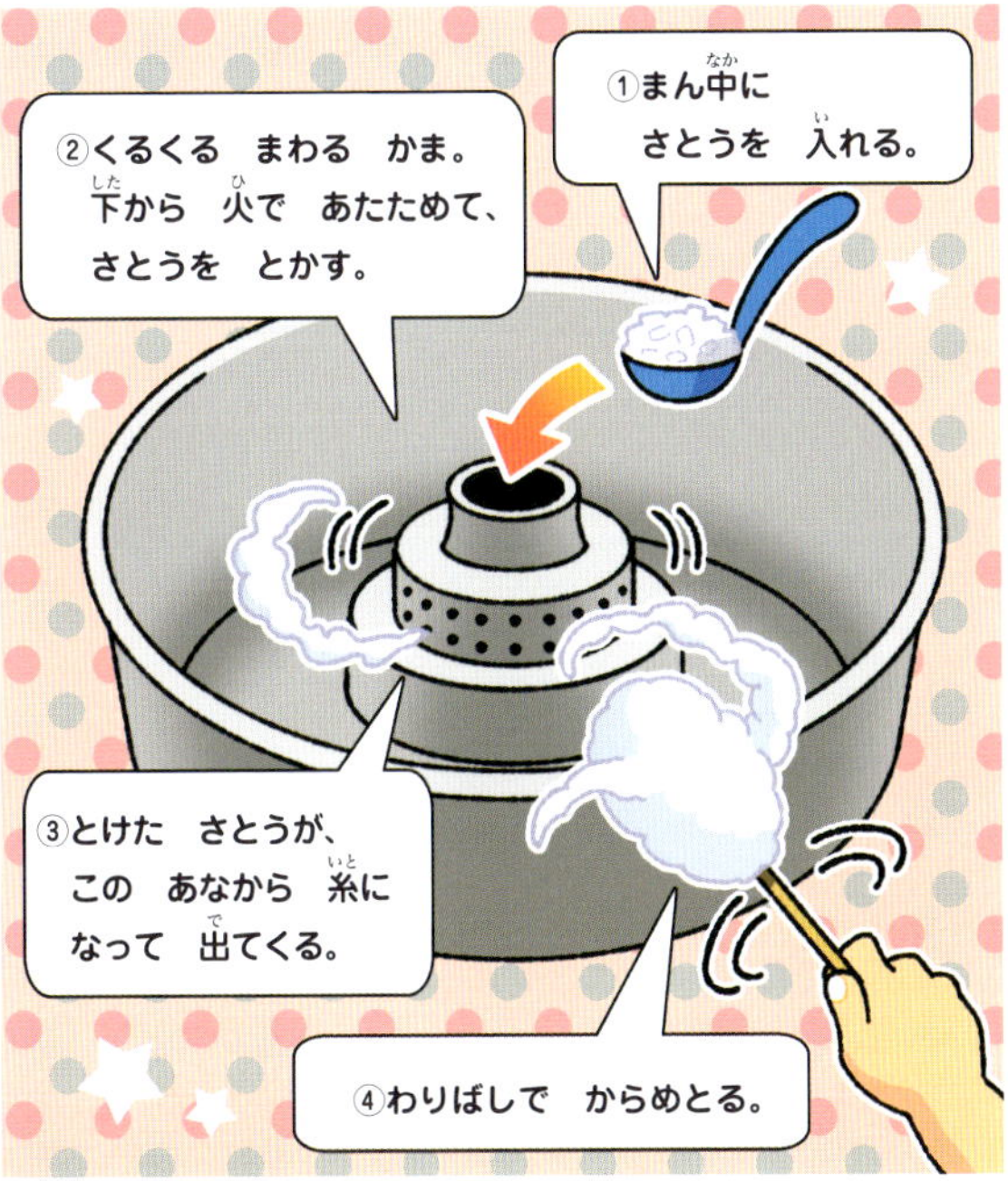
①まん中《なか》に
さとうを　入《い》れる。
②くるくる　まわる　かま。
下《した》から　火《ひ》で　あたためて、
さとうを　とかす。
③とけた　さとうが、
この　あなから　糸《いと》に
なって　出《で》てくる。
④わりばしで　からめとる。

答《こた》えは次《つぎ》のページ！

答《こた》え

ア　空気《くうき》が　入《はい》って　いるから。

【解説《かいせつ》】

わたがしが　ふわふわして　いるのは、中《なか》に　空気《くうき》が　入《はい》って　いるからです。糸《いと》のような　さとうを　からめとるとき、糸《いと》と　糸《いと》の　すきまに　空気《くうき》が　たくさん入《はい》ります。それで、わたの　ように　ふわふわに　なるのです。

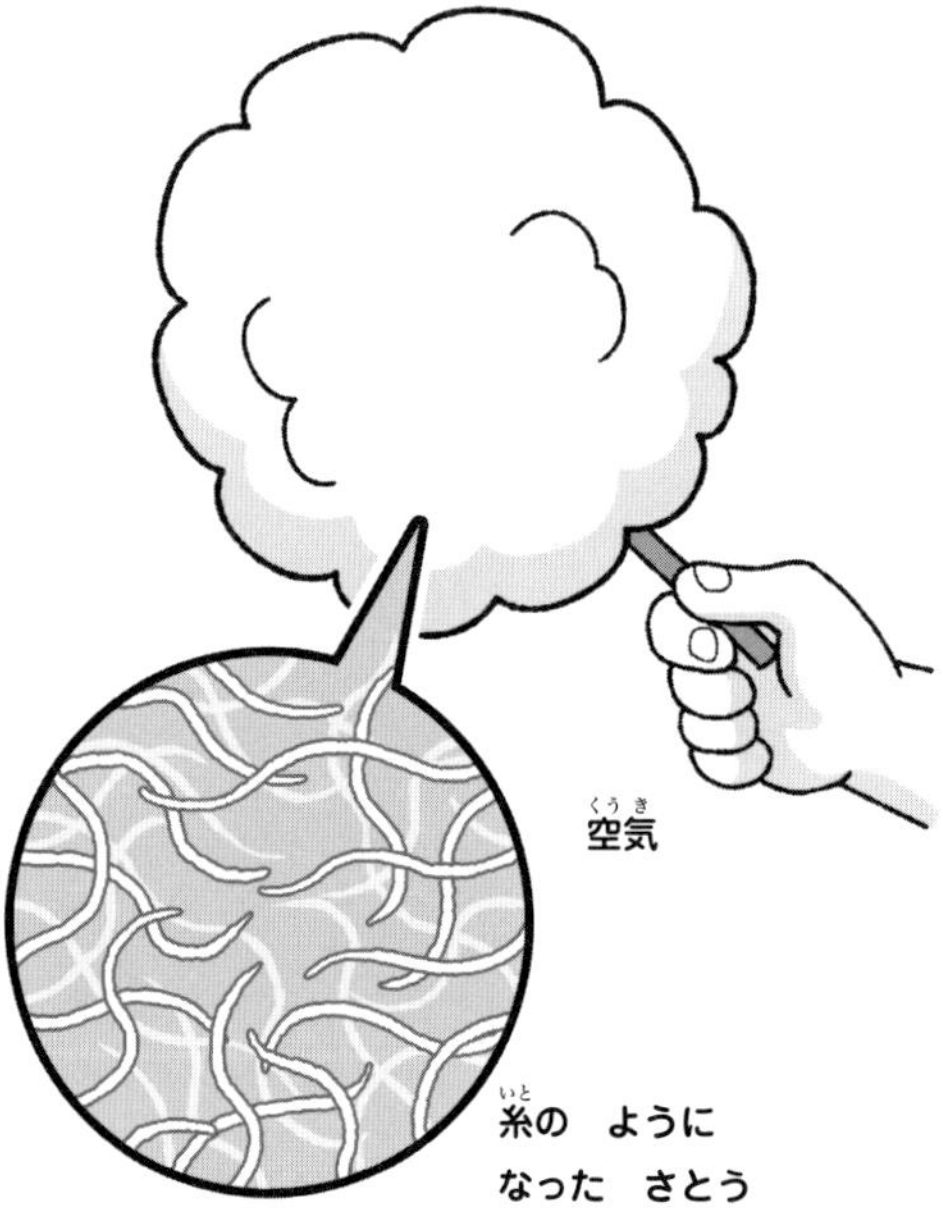

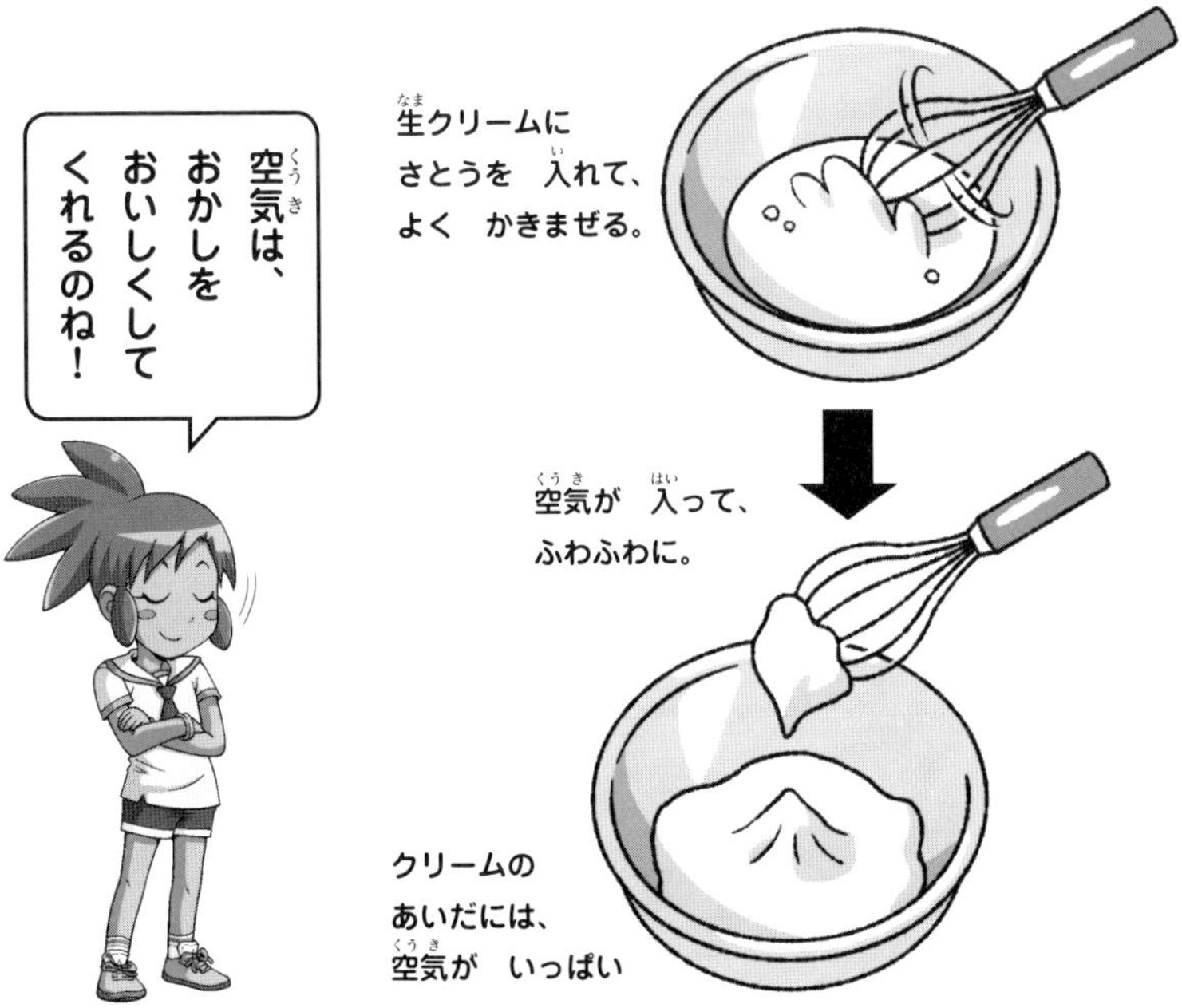

空気《くうき》は、おかしを おいしくして くれるのね！
生《なま》クリームに さとうを　入《い》れて、よく　かきまぜる。
空気《くうき》が　入《はい》って、ふわふわに。
クリームの あいだには、空気《くうき》が　いっぱい

ケーキの　生《なま》クリームが　ふわっと　して　いるのも、空《くう》気《き》が　入《はい》って　いるからです。もともとは　とろりと　している生《なま》クリームを　かきまぜて、中《なか》に　たくさん　空《くう》気《き》を　入《い》れて　います。

アイスクリームも　こおらせる　ときにかきまぜて、中《なか》に　空《くう》気《き》を　入《い》れます。空《くう》気《き》を　入《い》れないと、ガリガリの　アイスキャンディーのように　なります。

第《だい》10話《わ》

クイズ

**ドーナツには
どうして　あなが
あるの？**

ア　中《なか》まで　ねつが　早《はや》く
つたわる　ように。

イ　たべやすい　ように。

ウ　ゆびで　くるくる　まわせる
ように。

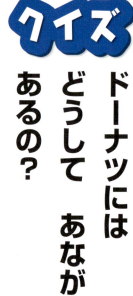

ドーナツって　ぎゅうにゅうが
ひつようだったんだ！

そう。小《こ》むぎこ、さとう、たまご、
それに　ぎゅうにゅうなどを　まぜ
て　きじを　つくるよ。

そのあと、きじで　わっかを
つくって、あぶらで　あげれば
いいんだね。

でも、わざわざ　あなを　あけるの
は　どうして　なんだろう？

これが
ドーナツの
ざいりょう！
小《こ》むぎこ
さとう
ぎゅうにゅう
ふくらしこ
たまご
ベーキングパウダー
MILK

答《こた》えは次《つぎ》のページ！

答《こた》え

ア 中《なか》まで ねつが 早《はや》く つたわる ように。

【解説《かいせつ》】

ドーナツを つくるときは、あつい あぶらの 中《なか》に、きじを 入《い》れます。すると、あぶらの ねつが、きじの 中《なか》に つたわり、やがて 中《なか》まで さくっと した おいしい ドーナツが できあがります。

この とき、まん中《なか》に あなが あいて いると、ねつは そとがわからも、あなの ほうからも きじに つたわります。

あなの ない きじと くらべると、中《なか》まで ねつが 早《はや》く つたわるのです。

あなが ないと、じっくり ねつを とおさないと いけないね。

もう できあがったよ。
まだ 中《なか》は つめたい ままだよ。
ねつの つたわる ほうこう
これで クイズは おわりじゃな。
はやく たべよう よ！

これ　しってる？

かがくの　おもしろい　おはなし

おこめが　いろいろな　たべものに　へんしん？

クイズで　見《み》た　ダイズや　ぎゅうにゅうの　ように、おこめも　かたちを　かえて、べつの　たべものに　なるよ。

おこめを　くだいて　こなにして、

さいきんでは　おこめの　こなを　つかった　パンも　あるよね。

やいたり　むしたり　すると、おせんべいや、おだんごに　へんしん。水《みず》を　くわえて、ねって　のばすと　めんに　へんしん。

むした　おこめに、水《みず》と　こうじを　くわえると、おさけや　おすが　できるんだ。

かたちを　かえる
たべものを　ほかにも
さがして　みよう！

せんべい

ビーフン（こめの　めん）

だんご

す

監修	金子丈夫
編集デスク	大宮耕一、橋田真琴
原稿執筆	チーム・ガリレオ（河西久実、十枝慶二、中原崇）
編集協力	上浪春海
マンガ協力	Han Jung-Ah、池田聡史
イラスト	楠美マユラ、豆久男
写真	istock
カバーデザイン	リーブルテック AD課（石井まり子）
本文デザイン	リーブルテック 組版課（佐藤良衣）
主な参考文献	「週刊かがくる 改訂版」1 ～ 50 号 朝日新聞出版／「週刊かがくるプラス 改訂版」1 ～ 50 号 朝日新聞出版／「週刊なぞとき」1 ～ 50 号 朝日新聞出版／『朝日ジュニア学習年鑑 2016』朝日新聞出版／『理科年鑑』国立天文台編 丸善出版／『ニューワイド学研の図鑑』学研マーケティング／『講談社の動く図鑑 MOVE』講談社／『小学館の図鑑 NEO』小学館／『キッズペディア 科学館』小学館／『こども生物図鑑』スミソニアン協会監修 デイヴィット・バーニー著 大川紀男訳 河出書房新社 「ののちゃんの DO 科学」朝日新聞社（https://www.asahi.com/shimbun/nie/tamate/）ほか

科学《かがく》クイズにちょうせん！

5分間《ふんかん》のサバイバル　1ねんせい

2018 年 11 月 30 日　第 1 刷発行
2024 年 5 月 10 日　第 8 刷発行

著　者　マンガ：韓賢東《ハンヒョンドン》／文：チーム・ガリレオ
発行者　片桐圭子
発行所　朝日新聞出版
〒104-8011
東京都中央区築地5-3-2
編集　生活・文化編集部
電話　03-5541-8833（編集）
03-5540-7793（販売）

印刷所　株式会社リーブルテック

ISBN978-4-02-331742-0
定価はカバーに表示してあります

落丁・乱丁の場合は弊社業務部（03-5540-7800）へ
ご連絡ください。送料弊社負担にてお取り替えいたします。

「科学漫画《かがくまんが》サバイバル」シリーズが
読《よ》めるサイト
無料《むりょう》で読《よ》める!
SURVIVAL Library
サバイバル図《と》書《しょ》館《かん》
お気《き》に入《い》りのタイトルを見《み》つけよう!
いつでも「ためし読《よ》み」
「科学漫画《かがくまんが》サバイバル」シリーズの
すべてのタイトルの第《だい》1章《しょう》が読《よ》めます
期間限定《きかんげんてい》で
「まるごと読《よ》み」
サバイバルや他《ほか》のシリーズが
1冊《さつ》まるごと読《よ》めます
最初《さいしょ》は大人《おとな》と一緒《いっしょ》にアクセスしてね!
ウェブサイトはこちら!
※読《よ》むには、朝日《あさひ》ID《アイディー》と
サバイバルメルマガ会員《かいいん》の
登録《とうろく》が必要《ひつよう》です（無料《むりょう》）
© Han Hyun-Dong /Mirae N

サバイバルシリーズ ファンクラブ通信《つうしん》

おたより 大募集《だいぼしゅう》

ゆうびんも メールも ドシドシ!

ファンクラブ通信《つうしん》は、サバイバルの公式《こうしき》サイトでも読《よ》めるよ!

みんなからのお手紙《てがみ》、楽《たの》しみにしてるよ～♪

読者《どくしゃ》のみんなとの交流《こうりゅう》の場「ファンクラブ通信」は、クイズに答《こた》えたり、投稿《とうこう》コーナーに応募《おうぼ》したりと盛《も》りだくさん。「ファンクラブ通信《つうしん》」は、サバイバルシリーズ、対決《たいけつ》シリーズ、ドクターエッグシリーズの新刊《しんかん》に、はさんであるよ。書店《しょてん》で本《ほん》を買《か》ったときに、探《さが》してみてね!

おたよりコーナー 1

ジオ編集長《へんしゅうちょう》からの挑戦状《ちょうせんじょう》

『○○のサバイバル』を作《つく》ろう!

みんなが読《よ》んでみたい、サバイバルのテーマとその内容《ないよう》を教《おし》えてね。もしかしたら、次回作《じかいさく》に採用《さいよう》されるかも!?

例《れい》 冷蔵庫《れいぞうこ》のサバイバル
何《なに》かが原因《げんいん》で、ジオたちが小《ちい》さくなってしまい、知《し》らぬ間《ま》に冷蔵庫《れいぞうこ》の中《なか》に入《い》れられてしまう。無《ぶ》事《じ》に出《で》られるのか!? (9歳《さい》・女子《じょし》)

おたよりコーナー 2

キミのイチオシは、どの本《ほん》!?

サバイバル、応援《おうえん》メッセージ

キミが好《す》きなサバイバル1冊《さつ》と、その理由《りゆう》を教《おし》えてね。みんなからのアツ～い応援《おうえん》メッセージ、待《ま》ってるよ～!

例《れい》 鳥《とり》のサバイバル
ジオとピピの関係性《かんけいせい》が、コミカルですごく好《す》きです!! サバイバルシリーズは、鳥《とり》や人体《じんたい》など、いろいろな知識《ちしき》がついてすごくうれしいです。(10歳《さい》・男子《だんし》)

おたよりコーナー 3

ケイ館長《かんちょう》のサバイバル美術館《びじゅつかん》

上手《うま》い!

みんなが描《か》いた似顔絵《にがおえ》を、ケイが選《えら》んで美術館《びじゅつかん》で紹介《しょうかい》するよ。

例《れい》

みんなからのおたより、大募集《だいぼしゅう》!

❶コーナー名《めい》とその内容《ないよう》
❷郵便番号《ゆうびんばんごう》 ❸住所《じゅうしょ》 ❹名前《なまえ》 ❺学年《がくねん》と年齢《ねんれい》
❻電話番号《でんわばんごう》 ❼掲載時《けいさいじ》のペンネーム(本名《ほんみょう》でも可《か》)

を書《か》いて、右《みぎ》の宛先《あてさき》に送《おく》ってね。
掲載《けいさい》された人《ひと》には、
サバイバル特製《とくせい》オリジナルグッズをプレゼント!

●郵送《ゆうそう》の場合《ばあい》
〒104-8011 朝日新聞出版 生活・文化編集部
サバイバルシリーズ ファンクラブ通信係

●メールの場合《ばあい》
junior @ asahi.com
件名《けんめい》に「サバイバルシリーズ ファンクラブ通信」と書《か》いてね。

ファンクラブ通信《つうしん》は、サバイバルの公式《こうしき》サイトでも見《み》ることができるよ。

科学漫画サバイバル 検索

※応募作品《おうぼさくひん》はお返《かえ》ししません。
※お便《たよ》りの内容《ないよう》は一部《いちぶ》、編集部《へんしゅうぶ》で改稿《かいこう》している場合《ばあい》がございます。